JN064584

円環数と素数

岡部邦夫

東京図書出版

まえがき

　巡回数（ダイアル数ともいう cyclic number）と呼ばれる非常に興味深い数がある。それはそう呼ばれているように、それを何倍しても配列を変えないで、すなわち巡回して同じ配列が現れてくるのである。

　１４２８５７　これがそんな巡回数の一つとして、フェルマーの小定理からも得られるもっとも知られている数である。

　（注）そのフェルマーの小定理というのは、"p が素数で a が p の倍数でない自然数のとき、$a^{p-1}-1$ は p で割り切れる" というものである。この 142857 はその "$10^{p-1}-1$ が p で割り切れる" というフェルマーの小定理の a を 10、p を 7 として得られる。

　こんな巡回数を得るのに 1 を素数 prime number で除す方法がある。そうしたときまず得られるのは、同じ配列の数が繰り返し現れる循環小数で、その循環小数の同じ配列を繰り返す最小の部分を循環節と呼ぶが、その循環節を循環小数から数列として独立させたものの中に巡回する特別なものがあり、それが巡回数なのである。

　だから巡回数と素数とにはそのような切り離せない関係があり、巡回数を生み出す素数を巡回素数と呼ぶのである。それゆえ、特定の巡回数を表すのにその巡回素数（母数 modulus）を用い、以後、例えば母数 7 の巡回数なら p7 というふうに表現することにする。

　何倍かするごとに数の列がクルクル移動するこんな巡回数の

不思議さに、わたしは心を奪われ、それについてのなんの知識もないまま、夢中になった。そして心の赴くままにそんな巡回数を弄りはじめると、計算途上に巡回数がどれも9の並んだ数 F（＝$10^{\xi}-1$）など次々に興味深い数が現れ始めた。なかでも大きな謎となったのは、巡回数の計算に、ときに、いやしばしば"はみ出した"ように現れる1という数のことだった。巡回数の余りの総乗数に1を加えた数の因数には、必ずその母数が含まれているといったことのような。

　　例．p7の余りの総乗に1を加えたものは、その母数7の整
　　　　数倍になる。
　　　　3*2*6*4*5*1+1 ＝ 7*103

　そんなケースに出逢っても、初めのうちは、その1を"補正数"と辻褄合わせに呼んで、気がかりにはなったまま、安易に1をつけたりとったりして自分に都合のいい結果をだして"そうしたもの"と自分を満足させていた。だが、そんな数に出会う回数が増えるにつれて、自分の心の中に1が"喉に刺さった小骨"のようになっていた。

　そんなときその謎を解消するのに、いまから考えるとそれが大切なことだったのだが、無意識にこれまでの既成概念による方法とは異なった"方法"をとっていた。その"方法"というのは、巡回数とか余りから現れたそんな"補正数"を今までの自分の知識の延長に考えるのではなく、事実として認め、それに一つずつ理論づけをしたということであった。そんな小さいことと思えた一つ一つが、やがて巡回数をみる見方も変えていたのである。

目　次

第一章 | 巡回数と余り

　３分の１とか11分の１とかといった素数を分母にした分数を小数にすると、繰り返し同じ配列をした数列が現れるが、その繰り返しの最小の配列を循環節という。

　例．７分の１の循環小数と循環節

　　1/7 ＝ 0.**142857**142857142857...　太字は循環節

　分母の素数の異なる小数の循環節の中にそれらを何倍しても配列を変えないものがある。そんな数列はいくつもあり、それがこれから論ずるダイアル数とも呼ばれる巡回数なのである。

　こんな巡回数が得られる経過から巡回数と循環節を同じものと思うかもしれないが、巡回数は循環節とははっきり区別された独立した数なのである。

　（注１）巡回数の項数 z は、その母数 p に規定された p−1 で、その項数の半分をζで表すことにする。

　（注２）配列（array）とは、字の意味の通り数字の並び連なり方で、その循環とは、配列を変えないで同じ配列の数が続いて現れることである。それに対して配列を変えないで配列の始まる位置が変わって現れることを巡回という。

　その巡回数を整数倍するということは、数列の各項の個性を除外して巡回数全体を一つの数としているということである。この数列を一つの数として扱うこともできることが巡回数の大

きな特徴の一つになる。

　そんな巡回数の特徴とは、どの巡回数も偶数項からなり、前半と後半に分けることが可能で、それらの対応する項同士が相補の関係をつくっていることである。その関係は、さらに項と項の関係に止まらず前半後半といった部分数列間の関係にまで及んでいる。

（注３）相補とは、単に補い合うことではなくある制約のもとに補い合うことで、巡回数に現れる相補性は、巡回数の中の最も重要な数的関係になる。すなわち、巡回数列には対応する相補の２項があるということのみならず、その関係が数列全体をも覆っているからである。具体的にいえば、DNA の塩基の結合で、結合の相手が常に決まっているのと同じように、巡回数の前半の特定の位置の項と後半のそれに対応する位置の項は、常に一定の数的関係（この場合、和が９）にありそれが数列を決めているのである。

Ⅰ．巡回数

　巡回数はその基本の数列に２倍から３倍、４倍と順に乗ずる数を増していっても、はじまる位置を変えるだけの同じ配列が現れる数列である。

a．巡回と順回
⑴巡回数の巡回
　巡回数列は数として現れるときその基本になる巡回数を記号

Pで表す。

　例．母数7の巡回数列Pの巡回（丸数字は順回番）

　　p7　P（＝142857）の巡回

　　×1　142857　…　①　　×4　571428　…　⑤

　　×2　285714　…　③　　×5　714285　…　⑥

　　×3　428571　…　②　　×6　857142　…　④

　100以内の素数で巡回素数になる数は、7, 17, 19, 23, 29, 47, 59, 61, 97の九つで、それらは末尾の数によって四つのタイプに分けられ、それらはさらに3, 7と1, 9のグループに分類される。

（注4）100から200までの巡回数母数

　巡回数母数は、巡回数母数に特定の数を加えたところに生まれている。

　　109（19＋**90**）　　　　113（23＋**90**）　　　　131（61＋**70**）

　　149（29＋**120**）　　　167（47＋**120**）　　　179（59＋**120**）

　　181（61＋**120**）　　　193（23＋**170**）

⑵ 巡回数の順回

　巡回数の表し方に順回というものがある。

（注5）順回とは、循環とは意味合いが違って、配列を変えず配列の位置を一つずつ左にずらすことをいう。

　例．p7の順回

　　142857（1P）　…　①　　857142（6P）　…　④

　　428571（3P）　…　②　　571428（4P）　…　⑤

　　285714（2P）　…　③　　714285（5P）　…　⑥

　このとき数としての巡回数は、その順回とともに次のように

変化する。

①1P，②3P，③2P，④6P，⑤4P，⑥5P（12P）

しかもこの数の大きさは、興味深いことに後述の余りの数列の順と対応している。奇数番に等比に数が並んでいて、さらに偶数番にも、もし末項の5が何らかの理由で5にpを加えた12と考えられるなら、奇数番と同じように並んでいることになり、順回ということが数列をただずらしたものというのでなく、別のルールに支配されていると考えられるのである。

こんな数列を表すのに、以後 $\{b_n\}$ という表記を用いることにする。この表記では、b_n は巡回数のn番目の数（項）を表す。だから、上の142857をその表記で $\{b_n\}$ と表せば、その巡回した次の428571を $\{b_{n+1}\}$ と簡明に表すことができる。こうした表記によって、この理論は新しい地平に立つことができたのである。

b．カプレカ数　Kaprekar number

(1) 巡回数には、カプレカ数の性質に似た性質がある。そのカプレカ数の定義には2種類あり、その一つの"ある数を2乗し、そうした数をケタ数で2分割し、そうしたそれらの和がもとの数と同じになるある数"というのがそれである。

カプレカ数Kのこの定義には三つのタスク（演算）が込められている。一つ目はKを2乗する。二つ目は2分割して上位の半分と下位の半分を加える。そして三つ目はもとの数と同じになることを確認することである。

例．p7の巡回数142857も、そんなカプレカ数の数少ない一

つであるが、二つ目のタスク、すなわち、その2乗した数を
"2分割し、それらを加える"を**カプレカ演算**として記号⇒で
表せば、その過程は次のようになる。

142857^2 = 20408122449 ⇒ 142857

　この数の場合、この定義の一つ目の2乗というタスクを次の
ように、Kとその逆順の数（*をつける）との積としても似た
関係になる。

142857*758241 = 108320034537 ⇒ 142857

カプレカ数との和が10^nになるような数にもカプレカ数があ
り、それをK^*と表すと、それらの関係は次の式で表される。

　$K^* = 10^z - K$　（ZはKのケタ数）

　例えば、Kとして297をとると、K^*は703となり、それもカ
プレカ数である。その他にもタスクの一つ目と三つ目を変える
と、それに似た様々なケースが現れる。

　$K^2 ⇒ K$,　　　　$(K-1)^2 ⇒ K^*$,　　　$K^*(K-1) ⇒ K$

　$KK^* ⇒ M$,　　　$K(K-1) ⇒ M$,　　　　$(K-1)(K^*-1) ⇒ M$

　ただし、$M = 10^z - 1$

　カプレカ数は一つ目のタスクの"2乗"を、冪数を大きくし
てもカプレカ演算によってもとの数に戻る。

　例．$297^2 = 88209$,　$297^3 = 26198073$,　$297^4 =$　…。

　異種の数列間にもカプレカ演算で特殊な値をつくるものもあ
る。

　142857*76923 = 10988989011 ⇒ 999999

⑵ カプレカ数と巡回数

　カプレカ数には、巡回数の順回した p17$\{b_{n-2}\}$, p19$\{b_{n+7}\}$, p23$\{b_{n+2}\}$, p29$\{b_{n+2}\}$, p47$\{b_{n+9}\}$, p59$\{b_{n-6}\}$, p61$\{b_{n-12}\}$, p97$\{b_n\}$ などあるが、p の如何にかかわらず、その巡回数列の順回したものの中にカプレカ数が一つずつあるのである。

　例．p17　$\{b_{n-2}\}$ = 8823529411764705

　また、巡回数列のその他の順回したものもカプレカ演算するとその巡回数の順回した数列が現れる。そしてまた、カプレカ数を３分割とか他の分割をしたときにも、同じようなタスクをすると特別な数値になる。また巡回数の補正のように一方に１を加えたり、一方を逆順にしたりすることによって興味深い数値が現れる "カプレカ演算" に似たケースもある。

　こんな "カプレカ演算" は、特異というか不思議な演算にみえるかもしれないが、それは数列の諸計算には重要なタスクの一つと考えられ、巡回数の諸計算の一つにも現れるのである。

c. 数列の分割

　巡回数はどれも偶数項からなり、中央を境にして前半（左半）と後半（右半）に分割でき、**その前半と後半の相対応する項同士は相補**の関係になっている。それが巡回数の第１の特徴である（**相補性 complementarity**）。

（注６）分割とは、前半と後半といった順序とか奇数偶数とかという一定の規則に基づいたものとか対応関係とかといった合理的な関係で数列を分けることである。分けられた数列を部分数列という。

　　２分割した部分数列の前半を X と後半を Y とすると、分割した数列のタイプにはそれらの組み合わせで次のようなものがある。

　　　１．相補の関係　　　　　X+Y ＝ A
　　　２．正負の関係　　　　　X+Y ＝ 0
　　　３．準相補の関係　　　　Y−X ＝ B
　　　４．繰り返しの関係　　　X−Y ＝ 0
　　　５．鏡対称の関係　　　　Y−X* ＝ 0　　　*は逆順のもの。

⑴二等分した部分数列前半 X と後半 Y の和は M（＝10^z-1）になる。相補性の関係は項と項の関係をこえて部分数列同士の関係にまで及んでいるのである（**部分数列の相補性**）。すなわち、巡回数では前後半の相対する項の和は全て９になる。

　　例．p17 の巡回数 {b_n} の**前半**と**後半の相補性**
　　　{b_n}；0 5 8 8 2 3 5 2 9 4 1 1 7 6 4 7

$$
\begin{array}{r}
0\,5\,8\,8\,2\,3\,5\,2 \quad (X) \\
+\,9\,4\,1\,1\,7\,6\,4\,7 \quad (Y) \\
\hline
9\,9\,9\,9\,9\,9\,9\,9 \quad (M)
\end{array}
$$

　　これらの関係を式で表すと次のようになる。
　　　Y+X ＝ M、M ＝ 10^z-1

⑵ X，Y の関係
ｉ．前半と後半の部分数列にそれぞれ補正１を加え、それらの比をとるとそれらは整数比 m：n をなす。

$$(X+1):(Y+1)＝ m：n$$

例．p17の巡回数のX，Yの比　補正数1

$$(０５８８２３５２+1)：(９４１１７６４７+1)$$

$$＝\qquad 1\qquad\qquad：\qquad\qquad 16$$

このとき補正に用いるのが補正数であるが、興味深いのはこの例のように**"補正した場所とは異なった場所に、バランスをとるかのように片割れの補正数が同時に現れる"**ということである。

　この補正数は、たまたま現れたというものではなく、その他の巡回数のさまざまな演算にも存在するのである。

（注7）上の関係を巡回数全ての前提とすれば、この関係から逆にもとの巡回数を導くこともできる。

例．p7　補正数1

$$X+Y ＝ M,\quad (X+1):(Y+1)＝1:6より、$$

$$X+6(X+1)-1＝ M,\quad X＝142,\quad Y＝857を得る。$$

（注8）**"相補の2数（または数列）の比m：nを相補比と呼び、それらの比の和がpになることが多く、このとき関係をp相補と呼ぶ"**。

例．p7　補正数1　P相補の巡回

	X	Y	m：n	m+n
×1	(１４２+1)：(８５７+1)		1：6	7
×2	(２８５+1)：(７１４+1)		2：5	7
×3	(４２８+1)：(５７１+1)		3：4	7

×4以下は上と反対。

さらにpとX，Yには次の関係が認められる。

14

$$pX = \quad\quad 10^{\zeta} - (p-1)$$
$$pY = (p-1)10^{\zeta} - \quad 1$$
$$(p-1)(X+1) = Y+1$$

ⅱ．巡回数 P は、その数列と数字が逆の順に並ぶ逆順の数列
P＊とも一定の関係を結んでいる。巡回数と逆順の数列との関
係は、まず、それらの関係は p7 で言えば、どちらも Q（10989）
という数の整数倍になっていて P は13Q、P＊＝69Q である。
この Q は不思議な数で、その整数倍を 100 倍まで続けると巡
回数の巡回したものをはじめとしてそれらの逆順の数列まで全
て現れるのである。その逆順の数列 Q＊は Q を 9 倍することで
得られる。

　例１．p7　逆順の数列との補正数を同じにした結合関係。

　　7（758241（69Q）－Q）＝34＊（142857（13Q）＋Q），

　　Q＝010989（＝M/91）

　補正にも、同じ数列内の関係には同じ値の補正数、向きの違
いには正負。異なる系には異なる補正数等の一定ルールがあ
る。

　（注９）補正とは、単に計算の不都合の帳尻合わせのために行
うことでなく、一定のルールに基づいて数を加減し関係を合理
化することである。例えば補正は正負の符号によって巡回数の
順逆の関係を示すことができる。

　**同種の数列間の関係での補正は、正順にはプラス、逆順には
マイナス。**

　巡回数は因子として１の並んだ数を持つ。そんな１が連なっ

た数列を単位数列 E と呼び E を用いれば、巡回数はさらに簡明な表現を得ることができる。

　例２．p7　巡回数とその余りの数列間の結合関係。E ＝ 111

　　16E(1287+1) ＝ 7E(2941+3)

　　142857 ＝ 2941E　326451 ＝ 2941E

異種の数列間の関係では、補正数は同じにならない。

（参考１）333333331 は、３が続いたあとに１がつく数の中で17で除すことのできるもっとも小さい数（333333331 ＝ 17*19607843）である。その除された８ケタの数の前半1960と後半7843の関係は以下のようになっている。

　　4(1960+1) ＝ 7843+1

☆またそれら２数の差は次のような p17 の巡回数の部分数列の値でもある。

　　7843−1960 ＝ 5883(＝ 5882+1)

（参考２）順と逆順の数列とは不思議な内的な関連をもっているようにみえる。

　p17 の前半後半のそれぞれを X，Y，X*，Y* とするとそれらの因数の中に次のような関係がある。

　　ⅰ．353(Y*)−131(X*) ＝ 181(Y)+41(X)

　　ⅱ．1439(Y*)−1289(X*) ＝ 199(Y)−49(X)

　　ⅲ．$3*7^2(Y*)+2*3*5^2(X*) ＝ -3*13*67(Y)+2^4*3*61(X)−(p+1)$

　数列の分割は２等分割に限らず３等分割もそれ以上の分割も可能である。

　例１．p7　数列の３分割

　　$\{b_n\}$；１ ４ ２ ８ ５ ７ (56+1)　　(1+2+4 ＝ 7)

　最後の57が56ならば3分割によって1：2：4できれいに分割されている。
　例2．p17　数列の4分割

　　　　l　：　m　：　　n　　：　　　o
　　＝0588：2352：(9411-3)：(7647-3)
　　＝　1　：　4　：　　16　　：　　13

⑶ 巡回数の大きさPとX, Y

　巡回数Pは、分割したXと次の関係で結ばれている。

　　P＝M(X+1)

　例．p7　巡回数とその前半Xの関係

　　P＝(142+1)*999＝142857

このように巡回数はMという数列の整数倍になっている。

⑷ Y-X

　巡回数の部分数列間の関係において、Y-Xは極めて重要な意味を持つ。

i．XとYの和が相補であるのに対して、YとXの差Y-Xも、p一般（すなわち異なるp）についても、次のような関係式を成立させている。

$$Y-X = (p-2)(X+1) \qquad ①$$
$$(p-1)(Y-X) = (p-2)(Y+1) \qquad ②$$
$$M(Y-X) = (p-2)P \qquad ③$$

また、それら平方数の差は次のようになる。

$$Y^2 - X^2 = (p-2)P \qquad\qquad ④$$

ⅱ．その他、部分数列の間の関係

巡回する部分数列にも同じような添字を用いて、それぞれ X_n, Y_n とすることができる。$Y_n - X_n$ はことに重要で、一般に p の如何にかかわらず、次のように表される。

$\quad Y_1 - X_1 = X_{1+d} + 1$

例１．p17

$\quad Y_1(94117647) - X_1(5882352) = X_{1+2}(88235294) + 1$

ⅲ．また、X に対して s だけ順回した数列を X_s とする。例えば、上の $Y-X$ は、p7 では $715(857-142)$ となり、それが $X_5 + 1$ と表されている。

$\quad Y_{1+s} - X_{1+s} = X_{1+s+d} + 1$

例２．p17　$s = 3$ のとき

$\quad Y_3(82352941) - X_3(17647058) = X_{15}(64705882) + 1$

⑸ X の倍数 (mX) と Y の倍数 (nY)

ⅰ．X の倍数は、巡回数の他の一部に m から 1 を減じたものを加えて現れる。

例１．p17　$X(05882352)$ の３倍

$\quad 3X = 17647056(+3-1)$

ⅱ．Y の倍数は、巡回数の一部の頭に $n-1$ を付加して現れる。

例２．p17　nY

2*94117647 ＝ 188235294,　3*94117647 ＝ 282352941

⑹ X+1、Y+1

（X+1）の整数倍は、その巡回数の他の残った一部分に補正を
加えて現れる。

　例．p17　n(X+1)

2*（5882352+1）＝11764705+1,

3*（5882352+1）＝17647058+1, …

17*（5882352+1）＝10^8+1(＝ F)

cf．17*(Y+1)＝16*F

（注10）　この10^8+1のような一般的に10^x+1と表される数を
フェルマー数Fと呼ぶ。

⑺ 巡回数の順・逆順の部分数列の和と積

p7では次の関係が成立している。

$$X+Y = X^*+Y^*、P^*-P = YY^*-XX^*$$

⑻ 部分数列の順回

部分数列 X_n, Y_n からなる 2 行 2 列のマトリクスがあると
き、順回する部分数列ともう一つの部分数列の積も巡回数の順
回したものになるということをみることができる。サフィック
スは巡回番、中央の縦のバーは 2 行目に移る記号。

$\{Y_1,\ X_1\ |\ X_1,\ Y_1\} = Y_1{}^2-X_1{}^2,$

$\cdots,\ \{Y_n,\ X_n\ |\ Y_{n+1},\ X_{n+1}\} = X_{n+1}Y_n-Y_{n+1}X_n$ などとする。

例．p7

$\{Y_1, X_1 \mid X_1, Y_1\} = 714285 (P_2)$, $\{Y_1, X_1 \mid Y_2, X_2\}$
$= 285714 (P_5)$

$\{Y_2, X_2 \mid X_2, Y_2\} = 142857 (P_1)$, $\{Y_2, X_2 \mid Y_3, X_3\}$
$= 142857 (P_1)$

$\{Y_3, X_3 \mid X_3, Y_3\} = 428571 (P_6)$, $\{Y_3, X_3 \mid Y_4, X_4\}$
$= 142857 (P_1)$

すなわち、P_2, P_5, P_1, P_1, P_6, P_3 という順は順回した巡
回数 P の値の順になっている。さらに逆順同士、順・逆の結
合も同じような結果になる。

(9) 等分割における部分数列の相補関係

相補の関係は、数列を 2 等分したとき以外の部分数列間にも
成り立っている。

例．p19　3 等分割

$\{b_n\}$；0 5 2 6 3 1 5 7 8 9 4 7 3 6 8 4 2 1

p19 の巡回数を 3 等分に分割したとき、相補の関係は次のよ
うになる。

0 5 2 6 3 1＋5 7 8 9 4 7＋3 6 8 4 2 1＝9 9 9 9 9 9

だが、順回させた数列を等分割するときは次のように少し事
情が変わる。

8 4 2 1 0 5＋2 6 3 1 5 7＋8 9 4 7 3 6＝**1** 9 9 9 9 9 **8**

（参考 3）p17 のように部分数列が相補の他にもはっきりと
（p−1）に関係していることが見られる。

$\{b_n\}$；0 5 8 8 2 3 5 2 9 4 1 1 7 6 4 7

$$5882 = 346p, \quad 35294117647 = 2205882353(p-1)-1,$$
$$2205882353 = 137867647(p-1)+1$$
$$137867647 = 8616728(p-1)-1,$$
$$8616728 = 538545.5(p-1)$$

Ⅱ. 巡回数列と余りの数列

　巡回数を求めるための小数を求めるのに、まず 1 を母数で割って商をだし、その余りを割って……と同じことを繰り返してゆく。すると商とともに余りの数の列も現れ、それが最後に 1 になっておわる。その計算での従来の用語から、巡回数の各項を割り算の用語から商とも呼び、それを b_n で表し、そんな商の並んだ数列を $\{b_n\}$ で表す。

　例. p7 の商の数列 $\{b_n\}$

　　$\{b_n\}$；1 4 2 8 5 7

　商の数列のように余り a_n のつくる数列を $\{a_n\}$ と表すと余りの数列は次のようになる。

　　$\{a_n\}$；3 2 6 4 5 1

　余りの数列は、同じ数が一度だけ母数の前の数までの全ての数が現れる全数列である。余りはそんな性質もあって極めて特徴のある数列なのである。

　（注11）新しい何かを語ろうとするとき、新しい言葉が必要になる。だがそれも最初は旧来の言葉で代用されるものである。"全数"は、まさにそのような必要にかられて用いた用語である。ここでいう全数とは "特定の数Ａまでの整数を一度だ

け全て使う数の集合"である。

a. 余りの平方数
　余りの数列には、偶数番項に平方数がとても規則正しく並んでいるのがはっきりと見られる。
　例．p17　余りの列

$\{a_n\}$;	10	15	14	**4**	6	9	5	**16**
$\{n\}$;	1	2	3	**4**	5	6	7	**8**

	7	2	3	13	11	8	12	1
	9	10	11	**12**	13	14	15	**16**

　　　n は順番を表す。

　そのことの正しさを p による"補正"がさらに確実にする。もし、循番 n の余り 2，10，12，14 が、以下のように補正されたなら、偶数項は全て平方数で満たされそれらが全数をつくるからである。

　　$15+2p = $ **49，4，9，16**，$2+2p = $ **36**，$13+3p = $ **64**，
　　$8+p = $ **25，1**

　それに、それ以外の奇数項も、3 倍で補正によって平方数になる。

　ここで"補正"と呼んだ**"余りの数の補正"**は、これまでの単なる数の補正とは違って、**"常に素数 p の整数倍を用いた補正"**（これを p 補正と呼ぶ）である。

　そんな補正を加えて偶数番項を書き換える（赤字）と奇数項も同じ順序で次のようになる。

$\{a_n\}$; 8^2 7^2 5^2 2^2 1^2 3^2 7^2 4^2

2^2 6^2 3^2 8^2 4^2 5^2 6^2 1^2

　続いて補正を続けると 9^2 は余りが13のところに現れ、続いて 10^2 は余りが15のところへと続く。

　p の異なる巡回数の余りにおいても同じように、偶数項には平方数全ては**全数**で収まる。さらに付け加えれば、ここで現れる数 (**1**), 7, **2**, 3, **4**, 6, **8**, 5, 1 の"順"も、ランダムなものではなく、補正を加えれば、太字の項のところ、偶数番ごと2倍になっているのである。

　（参考4）この平方をつくる余りの順序は、逆順にも補正を加え一定の比で繋がっている。

　　p17　偶数項　公比5

　　$\{a_n\}$; 7(p−5*2),　2(p−5*3),　3(5*4−p),　4(2p−5*6),

　　　　6(5*8−2p), 8(5*5−p), 5(5*1),　1(5*7−2p)

　（注12）公比というのは、隣り合う項の間の比例関係が同じ関係で数列全体に成り立っているときの比である。

b. 余りの数列の前半と後半、奇数番と偶数番

　余りの数列にも、巡回数の列にあった関係と同じような二等分できる関係がある。そして、余りの列を二等分した前半 X と後半 Y のそれぞれに対応するどの項同士も、和が p の相補になっている。

　　例. p17　余りの相補の関係

　　$\{a_n\}$; 10　15　14　4　6　9　5　16

　　　　7　2　3　13　11　8　12　1

項数の半分をζとして式で表せば次のようになる。

$$a_n + a_{n+\zeta} = p \quad \cdots \quad ①$$

pの如何にかかわらず、前半後半の相対応する2数をそれぞれ2乗したものの差はpの倍数になることから次のようにいえる。

相補の2項をそれぞれa_n、$a_{n+\zeta}$とすると、

$$a_{n+\zeta}{}^2 - a_n{}^2 = (a_n + a_{n+\zeta})(a_n - a_{n+\zeta}) = m_n p \quad より、$$

$$a_n - a_{n+\zeta} = m_n \quad \cdots \quad ②$$

要するに平方の差がm_nとpに分配されているということである。

また、余りにも前半と後半の補正を用いた巡回数の比の関係と似た関係がある。ただし、余りの場合は、それらに用いる部分数列の数は巡回数と異なり部分数列の各項の和である。

例1．p7　余りの部分数列の和

$X_1 = 11(3+2+6)$、$Y_1 = 10(4+5+1)$、$\cdots$　とし、それぞれの順回したものをX_n、Y_nとするとそれらの比は次のようになる。

$$3(X_1+1) = 4(Y_1-1), \quad 3X_2 = 4Y_2, \quad 2X_3 = 5Y_3$$

また、その関係は補正をpとして余りをそのままの数としても成立する。

例2．p7　余りの列

$$4(326+p) = 3(451-p), \quad 5(264-6p) = 2(513+6p)$$

$$1(645+3p) = 6(132-3p), \quad \cdots$$

c. 余りの総和と総乗

(1)総和

余りの項の奇数番と偶数番のそれぞれの総和は、それぞれ p の整数倍になっている。

$$\Sigma a_{2n-1} = mp, \quad \Sigma a_{2n} = np$$

例．p19　奇数番項の総和と偶数番項の総和

$$\Sigma a_{2n-1} = 95(5p), \quad \Sigma a_{2n} = 76(4p)$$

［余りの項の奇数番と偶数番のそれぞれの総和］

p	7	17	19	23	29	47	59	61	97
奇数 m	2p	4p	5p	7p	7p	14p	16p	15p	24p
偶数 n	1p	4p	4p	4p	7p	9p	13p	15p	24p
m+n(=ζ)	3p	8p	9p	11p	14p	23p	29p	30p	48p

奇数番項と偶数番項は離れて存在しているが独立していてそれらも部分数列と考えることができる。

(2)余りの総乗

乗数 n の総乗数 $\Pi(n)$ と和数 n までの総和 Σn の間には次の関係がある。

$$\Pi(n+1) = 2\Sigma(n)\Pi(n-1)$$

ⅰ．総乗数（総積）

余りの総乗数において、また余りの前半の総乗数と後半の総乗数においても、補正を加えると和または差に特定の関係が認められる。

例１．p7

余りの総乗の前半　$\Pi a_\zeta = 3*2*6 = 36$　　　　　$(36-1 = 5p)$

余りの総乗の後半　$\Pi a_{\zeta,n} = 4*5*1 = 20$　　　$(20+1 = 3p)$

$\Pi a_\zeta + \Pi a_{\zeta,n}(= 20+36) = 8p$

総乗数は p によって次のようになる。

$\Pi a_6 = 720(720+1 = 103p)$

余りの前半と後半の総乗数の和または差は、ζ の奇数偶数によって異なるが、母数 p の整数倍になる。

ζ が偶数；$Y-X = mp$,　ζ が奇数；$Y+X = mp$

例２．p17　余りの総乗，ζ が偶数

前半　$36288000-4 = 125564p^2$

後半　$576576-4 = (1995p+1)p$

差　　$36288000-576576 = 131292(p-1)p$

また、それぞれは $(p-1)$, $(p+1)$ の整数倍でもある。

前半　$36288000 = 7875(p-1)^2(p+1)$

後半　$576576 = 2002(p-1)(p+1)$

総乗数は次のようになる。

$\Pi a_{16} = 20922789888000(+1 = 1230752346353p)$

例３．p19の前半と後半の総乗，ζ が奇数

前半　$545292000 = 30294000(p-1)$

後半　$11741184 = 652288(p-1)$

和　　$545292000 + 11741184 = 1628752(p-1)p$

$\Pi_{18} = 6402373705728000(+1 = 336967037143579p)$

こうした計算の過程で新たな問題が生じていた。それは総乗数やその分割された総乗数の因子に単に母数があるのみでな

く、それ以外の因子もまた母数と関係しているということである。それを示したのが p19 の例である。

$$30294000 = 1683000(p-1), \quad 1683000 = 93500(p-1),$$
$$93500-1 = 4921p, \quad 4921 = 259p$$
$$652288+1 = 34331p, \quad 34331-1 = 18070p,$$
$$18070-1 = 951p, \quad 951-1 = 50p,$$
$$30294000+652288 = 1628752p, \quad (1683000-34331)-1 = 86772p,$$
$$93500-18070 = 3970p, \quad 4921+951-1 = 309p, \quad 259-50 = 11p$$

ii．余りの奇数番項と偶数番項のそれぞれの総乗

　余りの奇数項の総乗に補正を加えた数と偶数項の総乗に補正を加えた数はそれぞれ母数 p の整数倍になり、それらの比は一定の関係をもっている。

$$\Pi\, a_{2n-1}+1 = mp, \qquad \Pi\, a_{2n}-1 = np \qquad \zeta\,奇数$$
$$\Pi\, a_{2n-1}-1 = mp, \qquad \Pi\, a_{2n}+1 = np \qquad \zeta\,偶数$$

例１．p7　奇数番項の総乗　　　$90+1 = 13p$

　　　　　　偶数番項の総乗　　　　$8-1 = p$

　　　　　　　　　　　　　　　　$13p+p = 2p^2$

例２．p17　奇数番項の総乗　　　$11642400-1 = 684847p$

　　　　　　　　　　　　　　　$684847+1 = 42803(p-1)$

　　　　　　偶数番項の総乗　　　$1797120+1 = 105713p$

　　　　　$105713-1 = 6607(p-1), \quad 6607+1 = 413(p-1)$

総乗数と比の関係

　　　$2(11642400+x) = 15(1797120-x), \quad x = 216000, \quad 2+15 = 17$

総乗数についてもこれらには相補のような関係がある。

11642400+1797120 ＝ 790560p

iii．興味深いのは奇数偶数に分割した総乗数の母数で除した残りの因数である。それらに 1 を加えたり減じたりして補正した数がまた**“組み込まれるように”**して母数（p 数から 1 減じた数も含めて）を含んだ数を因数にもっているのである。

　例 3．p19

　　奇数番項の総乗　283046400+1 ＝ 14897179p

　　14897179−1 ＝ 784062p，　784062 ＝ 43559(p−1)，

　　43559+1 ＝ 2420(p−1)

　　2420 ＝ 121(p+1)，　121−1 ＝ 6(p+1)

　　偶数番項の総乗　22619520−1 ＝ 1190501p

　　1190501−1 ＝ 62658p，　62658 ＝ 3481(p−1)，

　　3481−1 ＝ 174(p+1)

　　和　14897179p+1190501p ＝ 47040(p−1)p^2，

　　47040 ＝ 2352(p+1)

　例 4．p23

　　奇数番項の総乗

　　2412984420000+1 ＝ 104912366087p

　　104912366087−1 ＝ 4768743913(p−1)

　　4768743913+1 ＝ 216761087(p−1)

　　偶数番項の総乗

　　　　465813504−1 ＝ 20252761p

　　　　 20252761−1 ＝ 920580(p−1)

　　　　104912366087p+20252761p ＝ 4562287776p^2

　和　　$104912366087p - 20252761p = 4767823333p(p-1)$

ⅳ．余りの奇数番の総乗と偶数番の総乗との和の因数には、その母数 p と一つ前の数が密接に関わっている。ζが奇数は p^2、偶数には $p(p-1)$。

［余りの奇数番の総乗と偶数番の総乗との和］

　　p7　　　$2p^2$
　　p19　　$2352(p-1)p^2(p+1)$
　　p23　　$4562287776p^2$
　　p17　　$(11642400 + 1797120 =)2745(p-1)p(p+1)$
　　p29　　$61918084800(p-1)^2p$

⑶ 余りの総乗の補正

　余りの数の総乗を追究する過程で次のような結論を得ることができた。"巡回数の母数 p に対して p-1 の総乗の因数には p はないが、1 を加えた数の因数には、必ずそれらの因数の最小の p がある。"

　例1．p7　　　$\Pi\, a_{p-1}+1 = 7*103$
　例2．p17　　$\Pi\, a_{p-1} = \Pi(16)$

　　$\Pi(16)+1 = 17*61*137*139*1059511$

　　$17+61+137+139+1059511 = 62345p$

　素因数の和の因数に p があり、また他の因数についても次のような関係も認められる。

　例．p19　　$\Pi\, a_{p-1} = \Pi(18)$

　　$\Pi(18)+1 = 19*23*29*61*67*123610951$

19+23+**29**+61+**67**+123610951 = 6505850p,

二つの巡回数の総乗数 +1 の因数に現れた、それぞれの"素因数の総和がそれらの母数 p の整数倍になる"ということは剋目に値する。

そして $\Pi(16)+1$, $\Pi(18)+1$ には、素因数同士の差が母数の整数倍になるペアがある。

　例．p17；1059511−139 = 62316p,

　　　p19；67−29 = 2p

⑷ 母数

　母数とは特定の数とか数列を特徴づける数である。総和 $\Sigma(n)$ における母数 p は n+1 とすると総和は母数と関係している。

　例．$\Sigma(n) = \zeta\,p$　より

　　　$\Sigma(12) = 6*13$,　$\Sigma(18) = 9*19$

総乗数 $\Pi(n)$ についても同様に母数 p は n+1 である。

　例．$\Pi(10)+1 = 11*329891$,　$\Pi(12)+1 = 13*36846277$

d. 余りの部分数列の総和

　巡回数の前半と後半の関係と異なり、余りの列では、それぞれに補正を加えた、**前半の項の総和 X とそれに対応する後半の項の総和 Y** とが相補で整数比をなす。

　これらを統一的に表すと次のようになる。

　$(\Sigma a_n + c) : (\Sigma a_{n+\zeta} - c) = m : n,\; m+n = p$

　例．p17　X，Y

　　　$(79+1) : (57-1) = 10 : 7$

　補正値は p によって異なるが、それでもここでは左辺に加えた補正と右辺に加えた補正の和は 0 になり、この場合にも p 相補の関係を成立させている。

　巡回数 p とその X, Y の比と補正数の関係は次のようになる。カッコは補正数。

	p7	p17	p19	p23	p29	p47
m	4(+1)	10(+1)	11(+2)	13(−3)	17(+5)	25(+8)
n	3(−1)	7(−1)	8(−2)	10(+3)	12(−5)	22(−8)

	p59	p61	p97
	29(−9)	28(−5)	52(−13)
	30(+9)	33(+5)	45(+13)

（注13）補正数 c は X, Y の比を m：n とすると上の c の値は次の式で与えられる。

$$nX - mY = cp$$

（注14）この補正には別の箇所で丁度それを打ち消すような補正が現れる。それは例えで言えば量子力学のもつれ（entanglement）にも似た現象である。巡回数では余りの比の関係は、補正によって比の値の和がその巡回数の母数になる。

　このように"**巡回数の余りの数列では、前半後半とか奇数番項偶数番項といったように数列が分割される場合、分割されたそれぞれの部分数列内の項の総和同士が補正によって一定の割合になる**"（巡回数・余りの分配の公理）のである。

e. 隣り合う項

⑴ 循環数の余りの数の列では、補正を加えると隣り合う各項は
　同じ比で並ぶ。

　例．p7　余りの隣り合う項の間の一定の比の関係

　p7の余りの数を前の項の3倍（公比3）にしてその数が7
を越えたら7を減ずる。

　　　$\{a_n\}$；3　　2　　6　　　4　　　　5　　　　1

　　　等比　　3　（9−7）　6　（18−7*2）　（12−7）　（15−7*2）

　（注15）等比（数列）といっても初項に一定数を乗ずる関係
をいうのでなく、前項ごとに補正によってそうなっている関係
をいう。

　隣り合う項が同じ比で続くことを連結と呼ぶ。

　例．p17　連結比2：3

　　　$\{a_n\}$；10(0, 0)　　15(p, 2p)　　14(0, p)　　4(0, 0)　　6(0, 0)

　　　　　9(p, 2p)　　5(p, p)　　16(0, p)　　7(p, 2p)　　2(0, 0)

　　　　　3(p, p)　　13(p, 2p)　　11(p, 2p)　　8(0, 0)　　12(0, p)

　　　　　1(p, p)

　括弧は補正を表し、その内の左は左の項の補正、右は右の項
の補正である。

　上のp17では次のようになっている。

　　　10：15＝2：3,　(15+17)：(14+2*17)＝2：3, ⋯

⑵ 2項の積

　連続した2項 a_n と a_{n+1} の積をとると、それらからきめられ
た関係で離れたところ（項）に（補正された）積が現れる。

例．p17　隣り合う２項の積

{a_n}；10 15 14 **4** **6** 9 5 16 **7** 2 3 13 11 **8** **12** 1

$10*15 = 150\,(14+8p)$,　…　$4*6 = 24\,(7+p)$,　$7*2 = 14$,

$5*16 = 21\,(4+p)$,　…

$$a_n \cdot a_{n+1} = a_{2n+1} + M_n p$$

M_n は後述。２数が同じまたは離れていてもこの関係は成立する。

(3) ２項 a_n と a_m があり、それぞれから等間隔 δ 離れたところに $a_{n-\delta}$ と $a_{m+\delta}$ があるとき、それぞれの積の差は p の整数倍になる。

$$a_n \cdot a_m - a_{n-\delta} \cdot a_{m+\delta} = Mp$$

（注16）特定の項と対象とする項の基本的な関係を示す用語として、その間の項数を導入する。それは巡回数の項の間の関係を表すのになくてはならない概念で、右向きを正として数えそれをディスタンス δ と呼ぶ。

ⅰ．a_n と a_m が同じ位置の場合

$$a_n{}^2 - a_{n-\delta} \cdot a_{n+\delta} = Mp$$

相補の関係では $\delta = \zeta$ で $a_{n-\delta}$ と $a_{n+\delta}$ は同じ項になり次のような関係になる。その特徴を最も表すのは a_n を前半の末項にとった場合である。

ⅱ．$a_\zeta{}^2 - a_{2\zeta}{}^2 = Mp$ の関係より

前半の末項 $a_\zeta\,(= p-1)$，後半の末項 $a_{2\zeta}\,(= 1)$ とはこの関

係で次のようになる。

$$(p-1)^2-1 = Mp$$

M＝p−2より前半の末項の値が決まる。

f. p13

13を分母にした循環数の循環節は076923である。だが、それは巡回数としてはケタ数が半分しかなく巡回数にならない。実際にもその2倍は153846となりそれを裏付ける。

だが、3倍すると230769となり、こんどは循環節の巡回した数になる。それらを続けて整数倍したのが下表である。

	p13		p6.5
×1	076923	×2	153846
×3	230769	×5	384615
×4	307692	×6	461538

×7以降は省略。これはスウィングと呼ばれる巡回が交互に現れる巡回である。

（参考5）76923はカプレカ数ではない。しかし、1番目のタスクをPPでなくPP*にすると25359205410で、その前後半の和は230769となりカプレカ数のようにもとの数の巡回した数になる。

また、153846も同様にすると99746207946となり、その前後半の和は307692となりやはり順回した数にならない。因みに、153846の順回した538461はカプレカ数である。

これを以下のように奇数項（$P_{6.5}$）と偶数項の数列（P_{13}）が結合して一体となった数列の存在を仮定すれば、それには多く

の巡回数の規則がスッキリあてはまる。

［p13+p6.5］

　　　$\{b_n\}$；1　0　5　7　3　6　8　9　4　2　6　3

　　　$\{a_n\}$；7　**10**　5　**9**　11　**12**　6　**3**　8　**4**　2　**1**

　例１．部分数列の前半 X と巡回数

　　　（１０５７３６+1）（10^6−1）＝１０５７３６８９４２６３

　例２．この余りの列の逆順からの偶数項は（補正を加えて）全て整数の２乗をなしている。また、その奇数項は偶数項の２倍になる。

　　　$1(1^2)$，$4(2^2)$，$3(3+13=4^2)$，$12(12+13=5^2)$，$9(3^2)$，

　　　$10(10+2*13=6^2)$

　またこの余りも、補正を加えれば等比の数列（公比４）になり連結している。

　　　1，4，$3(4*4-13)$，$12(3*4)$，$9(4*12-3*13)$，

　　　$10(4*9-2*13)$

　例３．余りの前半 X と後半 Y のそれぞれの総和を補正した数は相補比をなす。

　　　$(54+6):(24-6)=10:3$

Ⅲ．余りの数列と巡回数の数列

　余りの列の項とそれに対応した巡回数の商の項の間にも様々な関係が成立している。

a. 巡回数の列と余りの列との対応

商と余りの列は、商と余りの一位の数が深く関連している。そのことは余りの列と商の列を上下に並べ、商の列を固定したまま余りの列を移動（スライド）させることでみることができる。

例. p17 巡回数と余りの列

$\{b_n\}$; 0 5 8 8 2 3 5 2 9 4 1 1 7 6 4 7

$\{a_{n+11}\}$; 9 5 16 7 2 3 13 11 8 12 1 10 15 14 4 6

$\{a_n\}$; 10 15 14 4 6 9 5 16 7 2 3 13 11 8 12 1

$\{a_n\}$ をスライドさせたものが上の $\{a_{n+11}\}$ である。

pが大きくなると、商には同じ数字が複数回現れ、対応していないように見えるところも、商の列の何度も現れる同じ数には、どれも余りの数の下のケタの同じものが、要するに10の位の数だけを変えて対応しているのである。

	p\	0	1	2	3	4	5	6	7	8	9	タイプ
B*	7	0	3	6		2	5		1	4		[T7]
B*	17	0	3	6	9	2	5	8	1	4	7	[T7]
A	19	0	1	2	3	4	5	6	7	8	9	[T9]
B	23	0	7	4	1	8	5	2	9	6	3	[T3]
A	29	0	1	2	3	4	5	6	7	8	9	[T9]
B*	47	0	3	6	9	2	5	8	1	4	7	[T7]
A	59	0	1	2	3	4	5	6	7	8	9	[T9]
A*	61	0	9	8	7	6	5	4	3	2	1	[T1]

余りー商 対応表

左端の A，B*…の記号はタイプを表す。

A；１２３４５６７８９，A*；９８７６５４３２１

B；７４１８５２９６３，B*；３６９２５８１４７

（参考６）繋がり

まずこれらには相補のような次の関係がある。R はレピュニット数。

$$(A+1)+(A^*-1)=R-1$$

そしてこれらの間には、記号で表せば、正順には＋、逆順には－の補正を用いて次のような数列的な関係もある。

$$9\{123456789+1\}=R-1$$

$$8(A+1)=A^*-1,\quad 9(A^*-1)=8(R-1)$$

$$(B+1)+(B^*-1)=R-1,\quad (B^*-1)-(Q-1)=2(B+1+Q-1)$$

ただし $Q=1112223$（3*7*52963）

この５２９６３は B の部分数列である。

するとこれらの数列は、横方向と縦方向の関係でも次のように補正する数を保持したまま次の関係で結ばれている。

$$3(A+1)=(B+1+Q-1),\quad 4(B^*-1-Q+1)=3(A^*-1)$$

b. 余りの階差数列　sequence of differences

余りの列の隣り合う数の差をとってゆくとそこにも数列が生ずる。それが余りの階差数列 $\{d_n\}$ である。

$$\{d_n\}=\{a_{n+1}\}-\{a_n\}$$

例．p17

$\{a_n\}$；10 15 14　4 6 9　5 16 7　2 3 13 11 8　12 1

$\{d_n\}$；5 −1 −10 2 3 −4 11 −9 −5 1 10 −2 −3 4 −11 9

赤字の正の値のところは前の項より増加（アップ）を表し、青の負のところは減少（ダウン）を表している。するとこの数列の右半分には左半分と正負逆のものが対称的に現れる。

　アップのところではそのまま、ダウンのところではpを加えることにすると次のようになる。

$$\{d_n\}; \quad 5 \;-1\;-10\; 2 \; 3 \;-4\; 11 \;-9 \;-5\; 1 \; 10 \;-2\; -3 \; 4 \;-11\; 9$$
$$p; \quad 0 \; 17 \; 17 \; 0 \; 0 \; 17 \; 0 \; 17 \; 17 \; 0 \; 0 \; 17 \; 17 \; 0 \; 17 \; 0$$
$$\{d_n\}+p; \quad 5 \; 16 \; 7 \; 2 \; 3 \; 13 \; 11 \; 8 \; 12 \; 1 \; 10 \; 15 \; 14 \; 4 \; 6 \; 9$$

これは $\{a_n\}$ の順回したものになっている。

c. ディスタンス

　巡回数諸数列の特定の商や余りを、その列の初項からの順番で示したものを循番と呼び、その循番を並べたものを循番数列とする。

(1) 循番数列 $\{\nu\}$ には前半後半の相補性はないが全数列である。

　この循番数列 $\{\nu\}$ はディスタンスと関係して重要な役割をもっているのである。

　例．p17の余りと循番

$$\{a_n\}; \quad 10 \; 15 \; 14 \; 4 \; 6 \; 9 \; 5 \; 16$$
$$\{\nu\}; \quad 1 \; 2 \; 3 \; 4 \; 5 \; 6 \; 7 \; 8$$

$$7 \; 2 \; 3 \; 13 \; 11 \; 8 \; 12 \; 1$$
$$9 \; 10 \; 11 \; 12 \; 13 \; 14 \; 15 \; 16$$

⑵ 余りの数a_nの順にこの循番を並べると新しい関係が現れる。

例１．p17　余りの数列に対応させた循番の数列

$\{N_n\}$;	16	10	11	4	7	5	9	14
$\{A_n\}$;	1	2	3	4	5	6	7	8

	6	1	13	15	12	3	2	8
	9	10	11	12	13	14	15	16

いま以下のように１から２倍ごとに赤字、p補正を加えたものを並べると新しい関係が見出される。A_Xはp補正、N_Xは（p−1）補正。νはN, a_nをA_nとしたのは役割を変えたからである。

例２．p17　余りと循番 $\{A_X\}$; 2^{X-1}, $\{N_X\}$; 16−6（X−1）

$\{N_X\}$;	16	10	4 (+16)	14	8	2 (+16)	12	6
$\{A_X\}$;	1	2	4	8	16	15 (32−p)	13 (30−p)	9

	11	5 (16)	15	9	3 (16)	13	7	1
	3	6	12	7	14	11	5	10

この表からも明らかなように、余りが公比２で２倍になるごとに対応するディスタンスが公差６で減少している。

⑶ 余りの循番とその階差数列

余りと循番の階差数列には、対称性がみられる。

例. p23　余り $\{a_n\}$ と循番 $\{\nu\}$

$\{a_n\}$;	10	8	11	18	19	6	14	2	20	16	22
$\{\nu\}$;	1	2	3	4	5	6	7	8	9	10	11

$$13 \quad 15 \quad 12 \quad 5 \quad 4 \quad 17 \quad 9 \quad 21 \quad 3 \quad 7 \quad 1$$
$$12 \quad 13 \quad 14 \quad 15 \quad 16 \quad 17 \quad 18 \quad 19 \quad 20 \quad 21 \quad 22$$

　余りの順 $\{A_n\}$ に循番 $\{\nu_n\}$ を並べ、その循番の階差数列 $\{\Delta_n\}$ をとる。ここでは括弧は22(23−1) 進法による補正。

$\{A_n\}$; **1**　　**2**　3(23) **4**　5　　**6**　　7　　**8**　9(23) 10　11

$\{\nu_n\}$;**22** **8**(22)　20　16　15　6(22)　21　2(22)　18　1　3

$\{\Delta_n\}$; −14　　12　**−4** **−1** −9　　15　−19　　16　−17　**2**　11

　　12　**13**　14　15　**16**　17　18(23) 19　20　21　22

　　14　12(22)　7　　13　**10**(22) 17　4(22)　5　9　19　11

　　−2　　−5　6　−3　　7　−13　　**1** **4**　10　−8 11

このことから次のことが認められる。

ⅰ．余りが**1, 2, 4, 8,** …と、２倍になるごとに、余りに補正をすれば、その循番（青字）が22, 8, 16, 2, ……と−14(d) ずつ変化していることがわかる。

ⅱ．階差数列の太字の箇所は、下記のように11を中心にした数列になっている。

$\{\Delta_n\}$;

　−14　12　**−4**　**−1**　−9　15　−19　16　−17　**2**　11 **−2**

　−5　6　−3　7　−13　**1**　**4**　10　−8　11

$\{\Delta_n{}^*\}$;

　11　−8　10　4　1　−13　7　−3　6　−5　−2 11

　2　−17　16　−19　15　−9　−1　−4　12　−14

　階差数列の逆順を $\{\Delta_n{}^*\}$ とすると1番ずれた項との対応は全て和が22または−22または0になっている。

$\{\Delta_n\}+\{\Delta_{n+1}{}^*\}$

$\quad=(p-1)\{-1, 1, 0, 0, -1, 1, -1, 1, -1, 0, 1,\ \ 0, -1, 1, -1,$
$\quad\quad 1, -1, 0, 0, 1, -1, 1\}$

d. 余りのディスタンスと循番

　ディスタンスは、巡回数諸数列にとってもっとも基本的な概念の一つになる。

　ディスタンス D_n を循番0から a_n までの項数（循番と同じ）とすると、p17の D_n は下のようになっている。

　まずp17でのディスタンス $\{D_n\}$ の階差 $\{d_n\}$ と逆順 $\{D_{p-n}{}^*\}$ の差は特徴のある形になる。

$\{D_n\}$;　16 10 11 4　7　5　9 14 6　1 13 15 12 3　2　8
$\{D_{p-n}{}^*\}$;8　2　3 12 15 13 1　6 14 9　5　7　4 11 10 16
$\{d_n\}$;　　−6 1 −7 3 −2 4　5 −8 −5 12 2 −3 −9 −1 6　8

　するとまず次の式が得られる。

$\quad\{D_n\}-\{D_{p-n}{}^*\}=\zeta\,(\{\omega_n\}-\{\omega_{p-n}{}^*\})$

$\quad\quad\{\omega_n\}$; $\{1, 1, 1. 0, 0, 0, 1, 1,\ 0, 0, 1, 1, 1, 0, 0, 0\}$

$\{d_n\}$ は、数カ所を除いて正負が反対になった対称的な数列である。

　ディスタンス δ_n を余り項ごとに対応させて1から順にとり、その逆順と比較する。

例．p17

| $\{A_n\}$; | | 1 | | 2 | 3 | | 4 | 5 | 6 | 7 | | 8 | 9 | 10 | 11 | 12 | 13 | 14 | 15 | **16** |

$\{A_n\}$; 　　　1　　**2**　3　**4**　5　6　7　**8**　9　10　11　12　13　14　15　**16**

$\{d_n\}$; 　　　0　　**6**　15　7　13　2　12　11　8　5　4　14　3　9　1　10

$\{d_{p-n}*\}$;16(0)　10　1　9　3　14　4　5　8　11　12　2　13　7　15　**6**

赤字 $\{d_{p-n}*\}$ は、逆順にとったものである。

先ずわかることは、こうしてとった d_n も全数でできていることである。そして上のことから次のようなことがわかる。

ⅰ．この数列 $\{d_n\}$ は、逆順列 $\{d_{p-n}*\}$ の一つずれたものと相補（逆順との和16）になっている。6+10，15+1，7+9，…すなわち、

$$d_{n+1}+d_{p-n}* = 16$$

ⅱ．この数列 $\{d_n\}$ の階差数列は鏡対称的な数列である。

$\{d_n\}$; 6　9　−8　6　−11　10　−1　−3　−3　−1　10　−11　6　−8　9　−10

ⅲ．余りのディスタンスは、ディスタンスの和である。

例．余り1と2のディスタンスは6であり、2と4のディスタンスも6（15+7−16）である。補正は16。そして4と8のディスタンスも6（13+2+12+11−2*16）で、同様に8と16も同じになる。すなわち、余りの数の2倍の連結比2のディスタンスは6ということなのである。

e. "素数3兄弟"

素数のなかに、双子の素数と呼ばれ、p と p+2 が続いて現れ

るものがいくつもみられる。それと違って、素数３兄弟と名付
けた17，19，23にはその名に相応しい内容、特別な関係があ
る。p17，p19，p23は次のような数である。

	p7	p17	p19	p23
前半の総和；	11	76	99	132
後半の総和；	10	60	72	121

p7　$3(11+1) = 4(10-1)$　　　　p17　$8(76-4) = 9(60+4)$

　　　　　　$3+4 = 7$　　　　　　　　　　　　$8+9 = 17$

p19　$8*99 = 11*72$　　　　　　p23　$12*11 = 11*11$

　　　　　$8+11 = 19$　　　　　　　　　　　$12+11 = 23$

ⅰ．まず、２進法でのそれぞれは規則正しく次のように１が増
えている。

　　17　…　10001，　　　19　…　10011，　　　23　…　10111

ⅱ．それらを分割したＸ，Ｙから、相補の関係とペアをなす次
のそれぞれの値を求めるとそれらの素因数の中に数値的に関連
のあるものがある。

	p17	p19	p23
$X^{*}-X$；	$2*3^2*937*1153$	$2^5*3^3*11*37*\mathbf{2339}$	$2*3^4*11*13*2750369$
$Y^{*}-X$；	$3*7^2*11*19*\mathbf{2239}$	$11*173*37957$	$3*11*59*\mathbf{2539}*5581$

　　$(2339-2239):(2539-2339) = (19-17)；(23-19)$

ⅲ．これらだけが巡回数最初から５ケタの数の因数に巡回母数
を有する。

p17（05882）　　　　p19（05263）　　　　p23（04347）

2***17***173　　　　　　**19***277　　　　　3^3*7***23**

5882−5263 ＝ 619,　5263−4347 ＝ 916,　3(619−5)＝2(916−5)

Ⅳ. 総和と総乗と素数

　順回数と総乗数との関わりを追究するにあたって、総乗数について何の知識もないまま、総乗数を数列のように捉え、巡回数で用いた分割と補正の考えを（記号も同じようなものを用いて）適用してきた。

　そうすることで、巡回数とその母数である巡回数素数 p と総乗数とその乗数 p−1 とに類似というより相似といってもいいような関係があると思い立ったのである。

a. 総和数の分割

　総和として対象となるのは、単なる自然数でなく、偶数でできた自然数または自然数列である。

　総和には巡回数にあるような1・9グループとか2・7グループといった区別はなく、替わって和数の半分のζが奇数か偶数かが重要な意味をもつ。

　するとそんな自然数の総和も前半 X と後半 Y とに分割することが可能になりそれらに様々な関係式が成立するのである。

　例. p13

　　Σ(12)；X(＝1+2+3+4+5+6), Y(＝7+8+9+10+11+12)

　　　　X：Y ＝ 21：57

21+57 ＝ 6p

　一般に母数 n の Σ の X と Y との和と差は、次のようになっている。

　［Σ(n) の X，Y の和と差］

Σ(n)	2	4	6	8	10	12	14	16	18
X	1	3	6	10	15	21	28	36	45
Y	2	7	15	26	40	57	77	100	126
和	p	2p	3p	4p	5p	6p	7p	8p	9p
差	1	2^2	3^2	4^2	5^2	6^2	7^2	8^2	9^2

これらをまとめて式で表すと次のようになる。

$$\Sigma(n) ; X+Y = \zeta p, \quad Y-X = \zeta^2$$
$$X : Y = (\zeta+1) : (3\zeta+1)$$
$$X = \zeta(p-\zeta)/2, \quad Y = \zeta(p+\zeta)/2$$

奇数項 x，偶数項 y としたときは次のようになる。

$$x = \zeta^2, \quad y = \zeta(\zeta+1), \quad x-y = \zeta$$

b. 総乗数の分割

　総乗数 Π は、素数 n を乗数とした n ＝ 2 からはじまる次のような数値である。

　［n と Π(n−1)］

n	;2	3	4	5	6	7	8	9
Π(n−1)	;1	2	6	24	120	720	5040	40320

	10	11
	362880	3628800

総乗数の分割については、次の2通りが考えられる。

(1) 前半Xと後半Yの分割とそれらの比　$\zeta = (n-1)/2$

$X = \Pi(\zeta)$, $Y = \Pi(\zeta+1, n)$ とおくとそれらは和又は差は母数 (n+1) の倍数になるだけでなく、次のようになる。($\zeta+1$, n) の記号は$\zeta+1$からnのこと。

n	2	4	6	8	10	12	14
X	1	2	6	24	120	15120	5040
Y	2	12	120	1680	30240	37920960	87178291200

"Y は n に関係なく X の整数倍である"。

$$Y = k_\zeta X$$

この k_ζ は以後重要な役割を担うことになる。

Σ の X_Σ, Y_Σ とこの Π の X_Π, Y_Π とのそれぞれの積は、整数倍の関係になる。

$$X_\Sigma X_\Pi : Y_\Sigma Y_\Pi = 1 : m$$

例. $\Sigma(6)$ と $\Pi(6)$

$6*6 : 15*120 = 1 : 50$

母数 n に対する m の値は次のようになっている。

[m の値]

n	4	6	8	10	12	14	16
m	14	50	182	672	2508	9438	35370

この関係は、分割数が大きくなっても維持される。

そもそも総乗数 $\Pi(n)$ と総和 $\Sigma(n)$ の間には次のような関係の他さまざまな密接な関係がある。

$\Pi(n)/\Sigma(n-1) = 2\Pi(n-2)$，また

$\Pi(2n-1)/\Sigma(2n-1) = X$，乗数が奇数のとき

$\Pi(2n)/(\Sigma(2n)-1) = X$，乗数が偶数のとき

(2) ζ に対する k_ζ は、以下のような $\zeta+1$ の因数の数になる。

ζ	1	2	3	4	5	6	7	8	9	10
k_ζ	1*2	2*3	5*4	14*5	42*6	132*7	429*8	1430*9	4862*10	16796*11

（参考7）　この関係はいくつもの計算によって経験的に掴んだものだが、これを論理的に証明することは非常に難しい。直観的にはまず数学的帰納法が浮かぶが、それは上手くゆかない。これを証明するには、総乗数をさらに分割する必要がある。

　まず、X を前・後半分割（大小分割）し、それぞれを X_S，X_L とする。次に Y は後述の奇・偶分割し、それぞれを Y_O，Y_E とする。そして、それらに応じて乗数には ζ の半分の λ（＝ $\zeta/2$）を用いなければならない。

　すると、まず $Y_E = 2^\lambda X_L$ を得ることができる（赤字）。

　例．$\Pi(28)$

1 2 3 4 5 6 7 8 9 10 11 12 13 14

15 16 17 18 19 20 21 22 23 24 25 26 27 28

次に X_S の偶数の総乗数は、その 2^λ の因数に含まれていることがわかり、最後に、残った X_S の奇数の総乗数は Y_O の総乗数の因数に必ず含まれていることがわかる。

　$\Pi(28)$ のように4分割が可能な場合にも、それぞれのパーツは最小のパーツの整数倍をなしている。特徴的なのは第Ⅰ分割の後半の後半も前半の後半の整数倍をなすということである

47

（ただし、Π(8) は除く）。

(3) そして乗数が巡回数の母数のとき、この比k_ζと補正数１の和または差は、母数の整数倍になる。

　例. Π(6)；6+1 = **7**, Π(12)；924−1 = 71***13**,
　　　Π(16)；12870−1 = 757***17**

(4) 総乗数の奇・偶の分割

　総乗数の奇数偶数の分割は、次のように表すことができる。

　奇偶数総乗数と前後半総乗数との関係は奇・偶のそれぞれを Π(2ζ−1) = x, Π(2ζ) = y とすると次の式を得る。

　　Π(n) = xy, y = 2^ζX, Y = 2^ζx

　このように、総乗数は乗数を**偶数**とすることで様々な関係式を持ちあう部分総乗数への分割が可能になり、単なる総乗数から、数学的な"総乗数"として確立できるのである。

　そんな根拠の一つとして、この奇・偶分割では、分割したそれぞれの総乗数の和または差（交互に）が、その母数の整数倍になることが認められる。

　［奇・偶の乗数の総乗数の和と差］

n	5	7	9	11	13	15	17	19
奇数総乗	3	15	105	945	10395	135135	2027025	34459425
偶数総乗	8	48	384	3840	46080	645120	10321920	185794560
和		9p		435p		52017p		11592315p
差	p	31p			2745p	33999p	187935p	

"交互に"とは、７とか11とかのようなその素数のζが奇数

48

の場合には和、13とか17とかのようなζが偶数の場合には差
ということである。

　　例．ζの奇・偶総乗数の和と差　　太字が素数。

　　　奇数の場合　　ζ＝3，5

　　　Π（2ζ）＋Π（2ζ−1）；9***7**(15+48)，435***11**(945+3840)

　　　偶数の場合　　ζ＝6，8

　　　Π（2ζ）−Π（2ζ−1）；2745***13**(46080−10395)，

　　　　　　　　　　　　　　　487935***17**(10321920−2027025)

　　そしてそれら x，y の和の多くが母数の整数倍になる。

⑸ もう一つのΠの分割

ⅰ．これらのどの数も特定の数の平方に**近い**値であるが、そ
れらは次のように平方数の補正によって関係づけられている。
（n＞3）

　　［総乗数と平方］

　　総和との類似はこの平方の差に最も端的に現れる。

　　　Π（4）＋1^2＝5^2，　Π（5）＋1^2＝11^2，　Π（6）＋3^2＝27^2，

　　　Π（7）＋1＝71^2，　Π（8）＋9^2＝201^2，　Π（9）＋27^2＝603^2，

　　　Π（10）＋15^2＝1905^2，　…

　　補正はαの2乗。記号で表すと次のようになる。

　　Π(n)＋$α^2$＝$β^2$，　β＋α＝6m，　β−α＝kn，

　　$\sqrt{Π(n)}$＜β

　①α、βの和または差はその乗数の整数倍になっている。

　例．Π（4）；5−1＝1*4，　Π（5）；11−1＝2*5，

　　　Π（6）；27−3＝4*6，　…

②$\alpha+\beta$は6の倍数からなっている。例外$\Pi(16)$

③乗数7以上ではα、βの和又は差は8の倍数になっている。

④乗数9以上ではβはαの整数倍である。

nとα、βそれぞれの数値は次のようになる。

［乗数nとαとβ］

n	4	5	6	7	8	9
α	1	1	3	1	9	27
β	5	11	27	71	201	603

10	11	12	13	14	15
15	18	288	288	420	464
1905	6318	21888	78912	295260	1143536

16	17	18	19
1856	10080	46848	210240
4574144	18859680	80014848	348776640

αがβと比較して十分小さいなら、βは乗数$n-1$からnへ、総乗数はnの平方根倍で増加していることになる。それゆえ、n番目のβの値はおよそ$\sqrt{\Pi(n)}$となる。

また、β^2はαの整数倍。$\beta=m\alpha$についてはあわないところがある。

例．$n=9$のβ

$\beta=\sqrt{\Pi(9)}\fallingdotseq602.4$　この値は、603にほぼ等しい。

こうしてαがβに比して十分小さいとき、総乗数がほぼβの平方に近いことも明らかになるのである。

ii．この関係は次の関係であり、それは総乗数の分割とも考えられる。

$$\Pi(n)=(\beta+\alpha)(\beta-\alpha)$$

$\Pi(n)$	4	5	6	7	8	9	10	11
$\alpha+\beta$；	6	12	30○	72	210→	630○	1920○	6336○
$\beta-\alpha$；	4○	10○	24○	70○	192○	576○	1890○	6300

記号○は乗数の整数倍。

これらは4→12，10→30，24→72，70→210，210→630，630→1890と3倍で繋げられている。

例．この分割によるΠ(7)とΠ(13)

Π(7)(5040)=(71+1)(71−1)=2*3*4*5*6*7

Π(13)=(78912+288)(78912−288)=2*3*4*5*6*7*8*9*10*11*12*13

A＝(β+α)/2，B＝(β−α)/2とするとα，βは分割された部分総乗数から次のようになる。

$$\beta=(A+B)/2,\quad \alpha=(A-B)/2$$

例．Π(9)；2*3*4*5*6*7*8*9，A＝603+27，B＝603−27

β＝(3*5*6*7+2*4*8*9)/2＝603

βは部分総乗数の因子の組み合わせでできた値である。それにより、αとβの関係は巡回数における相補・準相補の関係（後述）と同じなのである。

iii．この関係は総乗数を前後半に分割した分割総乗数のそれぞ

れにも成り立ち、総乗数を分割した後半のみについても成り
立っているということである。

　例．Π(12) 後半の総乗　Π(7, 12)(7*8*9*10*11*12)＝665280

　　　　　　　665280 ＝ 816^2−6^2

（参考6）巡回数 p7 の 142857 も $379^2−28^2$ となっている。

c. ウィルソンの定理

　素数の判別については、総乗数を用いたウィルソンの定理
（Wilson's theorem）がある。

　余りの探求の過程で、巡回数と総乗数の関係に出会い、そこ
で求めた関係をただ単に素数である巡回数母数と総乗数の関係
ということでなく、全ての素数と総乗数との関係と結論づけて
みた。

　その関係とは総乗数に 1 を加えた数は因数に総乗数の母数を
含むということだった。

　私は最初母数の n を加えてみた。するとそれは次の式のよう
に、その前の総乗数に 1 を加えたものと母数の積になった。

　　Π(n)+n ＝ n(Π(n−1)+1)

　こうして "乗数（n−1）の総乗数の因数には、n が素数で
なければ n は必ず存在するが、n が素数であれば存在しない。
だが、n が素数のとき、その乗数（n−1）の（総乗数 +1）の
因数には n が必ず存在する" という結論に容易に辿りつくこ
とができたのである。

　　Π(n−1)+1 ＝ nX。X が整数なら n は素数である。

　ここに現れた X はウィルソン比と名づけるのが妥当であろう。

⑴ さらにnが素数のとき、乗数（n−1）の総乗数に１を加えた
数の素因数の中に、乗数n（母数）が因数の最小の素因数と
して現れる。その総乗プラス１の値とその素因数は、以下の
ようになっている。Πが奇数は参考。太字は素数。

［Π(n)＋1 と母数 n と X］

Π(2)；2+1 ＝ **3***1,　　　　　Π(3)；6+1 ＝ **7***1

Π(4)；24+1 ＝ **5**^2,　　　　Π(5)；120+1 ＝ **11**^2

Π(6)；720+1 ＝ **7***103,　　Π(**7**)；5040+1 ＝ **71**^2

Π(8)；40320+1 ＝ 61*661,　Π(9)；362880+1 ＝ 19*71*269

Π(10)；3628800+1 ＝ **11***329891

Π(12)；479001600+1 ＝ **13***36846277

Π(14)；87178291200+1 ＝ **23***3790380487

Π(16)；20922789888000+1 ＝ **17***1230752346353

Π(18)；6402373705728000+1 ＝ **19***336967037143579

Π(22)；1124000072777607680000+1

　　　　　　＝ **23***48869596859895986087

Π(28)；304888344611713860501504000000+1

　　　　　　＝ **29***10513391193507374500051862069

ウィルソン比 X については次のようになっている。

Π(6)；103−1 ＝ 17***6**(17+1 ＝ 3***6**)

Π(8)；40320+1 ＝ 61*661,　40320 ＝ 9*4480,

　　　　4480 ＝ 560*8,　　　560 ＝ 70*8

Π(10)；329891−1 ＝ 32989***10**,　32989+1 ＝ 3299***10**

Π(12)；36846277−1 ＝ 3070523***12**,

Π(14)；5811886−1 ＝ 387459*15

$\Pi(16)$: $1230752346353-1 = 76922021647*$ **(p−1)**

$76922021647+1 = 4807626353*$ **16**

$4807626353-1 = 300476647*16$,

$300476647-1 = 16693147\,(p+1)$

$\Pi(18)$: $336967037143579-1 = 18720390952421$ **(p−1)**,

$18720390952421+1 = 1040021719579*$ **18**,

$1040021719579-1 = 57778984421*18$,

$57778984421+1 = 3209943579*18$

$3209943579+1 = 160497179\,(p+1)$,

$160497179+1 = 8447220p$,

$8447220 = 469290\,(p-1)$

$\Pi(22)$: $48869596859895986087-1$

$= 2221345311813453913$ **(p−1)**

$2221345311813453913+1 = 100970241446066087$ **(p−1)**

$100970241446066087+1 = 4207093393586087\,(p+1)$

$4207093393586087+1 = 175295558066087\,(p+1)$

$175295558066087+1 = 7303981586087\,(p+1)$

$7303981586087+1 = 304332566087\,(p+1)$

$304332566087+1 = 12680523587\,(p+1)$

$\Pi(28)$: $105133911935073745000051862069-1$

$= 3754782569109776607161379031$ **(p−1)**

$3754782569109776607161379031+1$

$= 13409937746820630739862069$ **(p−1)**

$13409937746820630739862069-1$

$= 4789263481007368121379031\,(p-1)$

478926348100736812137931+1 ＝ 1710451243216917186206
（p−1）

　こんな数値からも、素因数の一つ一つは決して偶然にできているのではなく、素因数が他の素因数と関わり合って組み込まれるようにできていることが窺える。それはなにかに例えるなら、まるで入れ子（マトリョーシカ）のようなものだろうか。

⑵ 総乗数にプラス１をした数を母数で除した残りの因数について。

　その残りをとりあえず第Ⅰ積と呼ぶことにする。すると、そこから１を減じた数が乗数の倍数になっている。その残りを第Ⅱ積として、その第Ⅱ積に１を加えた数がまた乗数の倍数になっている。それをまた乗数で除した値を第Ⅲ積として全てを纏めたのが次の表である。

　例．Π(6)；720+1 ＝ 7*103,　103−1 ＝ 6*17,　17+1 ＝ 6*3

103が第Ⅰ積である。さらに第Ⅱ積は17で第Ⅲ積が３になる。

［総乗数 +1の最小の素因数］

	Π(6)	Π(10)	Π(12)	Π(16)	Π(18)	Π(22)	Π(28)
第Ⅰ積	+1, 7	+1, 11	+1, 13	+1, 17	+1, 19	+1, 23	+1, 29
第Ⅱ積	−1, 6	−1, 10	−1, 12	−1, 16	−1, 18	−1, 22	−1, 28
第Ⅲ積	+1, 6	+1, 10	+1, 12	+1, 16	+1, 18	+1, 22	+1, 28

d. 素数判定

⑴ 前半後半分割したＸとＹの和と差にも、母数ｎが介することで、それらの中に母数が含まれる（母数で除すことができ

る）かどうかという素数の特定の関係が現れる。

例．n＝3のときΠ(2)，Y−X＝1，Y+X＝3，母数含む○。

［Y−X，Y+X　一覧表］

n	Π(n−1)	Y−X	Y+X	n	Π(n−1)	Y−X	Y+X
☆ 5	Π(4)	○	×	★ 7	Π(6)	×	○
9	Π(8)	×	○	★11	Π(10)	×	○
☆13	Π(12)	○	×	15	Π(14)	○	○
☆17	Π(16)	○	×	★19	Π(18)	×	○
21	Π(20)	○	×	★23	Π(22)	×	○
25	Π(24)	○	○	27	Π(26)	○	○
☆29	Π(28)	○	×	★31	Π(30)	×	○
☆37	Π(36)	○	×	★47	Π(46)	×	○

太字は素数、ζが奇数★、偶数☆、因数に母数を含む○、含まない×。

ここから母数が素数でなければ、母数は因数としてY−X，Y+Xのどちらにも含まれるが、**"母数が素数ならそのζの奇偶に応じて、その母数は因数として奇ならY+Xに偶ならY−Xに含まれる"** ことがわかる。これも素数判定式の一つといえる。☆この表の中で母数9のΠ(8)だけは×が左列○が右列にあって予想と異なる。

こうしてみると、9だけは素数ではないが素数のような特別な数であるようにみられる。ちょうど、2だけが素数でありながら素数でないような。

⑵ここでは総乗数Πの前半後半の比を考え、k_ζをそれらの前

半後半の総乗数比とすると "**分割された後半は、前半の整数倍 (k_ζ 倍) になる**"。

こうして、乗数が母数 n の総乗数 $\Pi(n-1)$ は、その総乗数の前半の平方に比例することがわかる。

$$\Pi(n-1) = k_\zeta X^2$$

例．$\Pi(12) = 924 \, \Pi(6)^2$

⑶ また、Y−X, Y+X は k_ζ を用いるとそれぞれ次のようになる。

$$Y-X = (k_\zeta - 1)X, \quad Y+X = (k_\zeta + 1)X$$

X には母数が含まれないので、このことから $k_\zeta - 1$, $k_\zeta + 1$ が素数判定に用いる Π の代役をすることになる。

ⅰ．総乗数比 k_ζ とその次の総乗数の総乗比 $k_{\zeta+1}$ との比 c_ζ を、次の順序で求めることができる。

$\Pi(n-1) = k_\zeta \Pi(\zeta)^2$, $\Pi(n+1) = k_{\zeta+1} \Pi(\zeta+1)^2$ となる。

すると、$\Pi(n+1) = n(n+1)\Pi(n-1)$ より，c_ζ は次のように表される。

$$c_\zeta = 4n/(n+1)$$

例．n = 5 のとき、$k_2 = 6$

$k_3 = 6*4*5/(5+1) = 20$, $k_4 = 20*4*7/(7+1) = 70$, $\cdots$

ⅱ．これを繰り返せば、異なる乗数 n の総乗数の乗数比が順に得られることになる。

$$k_{\zeta+1} = k_1 \Pi c_\zeta$$

こうして求めた k_ζ は、次の式で与えられる。

$$k_\zeta = 4^\zeta \Pi(2\zeta-1)/\Pi(\zeta)$$

例．$k_5 = 252$

$k_5 = 4^5 3*5*7*9/2*4*6*8*10 = 252$

この結論は k_ζ の定義から得られるものにもなっている。

⑷ k_ζ による素数の判定

"n が素数のとき、分割した総乗数の前半と後半との比に−1 または +1 の補正をした値は、n の整数倍になる"

［n と k_ζ の関係］n の太字は ζ が奇数。

n	;	3	5	7	9	11
k_ζ	;	2(+1)	6(−1)	20(+1)	70	252(+1)
因数	;	1*3,	1*5,	3*7,		23*11

13	15	17	19	21
924(−1)	3442	12870(−1),	48620(+1),	184756,
71*13		757*17,	2559*19,	

23	…	29
705432(+1),	…	40116600(−1)
30671*23,	…	1383331*29

カッコは ζ の奇偶に応じて、奇にはプラス、偶にはマイナスになる補正数。

（注17）ここに表れた k_ζ にはさらに母数である素数との以下のような関係が潜んでいる。

n = 17 757−1 = 42(p+1)， n = 19 2559+1 = 128(p+1)，

58

$n = 23$　$30671+1 = 1278(p+1)$,

$n = 29$　$1383331-1 = 46111(p+1)$

総乗数の前半と後半の比 k_ζ をこうして補正することによって母数が素数であるかどうかの判定の新しい方式を確立することができるのである。

すなわち "乗数 $n-1$ の総乗数を分割した前半と後半との比 k_ζ に、ζ の奇偶に対応して、ζ が奇数のとき $+1$、偶数のときは -1 の補正をした値が n の整数倍のとき n は素数である"。

それは一般的には次のように言える。

$k_\zeta \pm 1 = nX$, X が整数なら n は素数である。

⑸ この k_ζ の ζ と関連は次のようになっている。

$m = (\zeta+1)k_{\zeta+1}/k_\zeta$ をとる。

［k_ζ と ζ］

$\zeta+1$	2	3	4	5	6	7
k_ζ	1*2	2*3	5*4	14*5	42*6	132*7
$k_\zeta/(\zeta+1)$	1	2	5	14	42	132
m	6	10	14	18	22	26

	8	9	10	11
	429*8	1430*9	4862*10	16796*11
	429	1430	4862	16796
	30	34	38	

すなわち、$k_\zeta+1$ と $k_\zeta/(\zeta+1)$ の比 m は整数になるのみでなく、公差4の等差数列をなしていることもわかるのである。

このことを式で表すと次のようになる。

$$m_\zeta = 2(2\zeta + 1)$$

例. $\zeta = 4$ の場合 k_ζ / ζ は14である。

$$k_{\zeta+1} = 14*(4*4+2) = 252$$

$$k_{\zeta+1}/k_\zeta = 2(2\zeta + 1)/\zeta$$

左辺；$(k_{1+1}/k_1)*(k_{2+1}/k_2)*\cdots(k_{\zeta+1}/k_\zeta) = k_{\zeta+1}/k_1$

右辺；$2^\zeta \prod(2\zeta + 1)/\prod(\zeta)$

(6) また k_ζ は、次のような2数 α，β の平方の差とも関連した数でもある。ただし、この α，β は $\prod$ のそれではない。

$$k_\zeta = \beta^2 - \alpha^2$$

例. $\zeta = 6$ の k_ζ (252)

$$16^2 - 2^2 = 252$$

$[k_\zeta と \beta，\alpha]$

ζ	3	4	5	6	7	8
k_ζ	20(+1)	70(+2)	252	924(+1)	3432	12870(+5)
α	2	3	2	6	7	11
β	5	9	16	31	59	114

	9	11
	48620(−4)	184756
	15	12
	221	430

⑺ 総乗数と総和には様々な関係式がある。

　いま、総乗数 $\Pi(n)$ と総和 $\Sigma(n-1)$ の比 $M_n = \Pi(n)/\Sigma(n-1)$ を考える（下表）。

　するとそこに現れた M_n と次の M_{n+1} の比は見事にその比が等差数列をなしていることがわかる。

　$M_{n+1} = nM_n$

　［Π と Σ の関係］

n	1	2	3	4	5	6	7	8
$\Pi(n)$	1	2	6	24	120	720	5040	40320
$\Sigma(n)$	1	3	6	10	15	21	28	36
M_n	2	2	4	12	48	240	1440	10080

⑻ Π とレピュニット数との関係

　　$\Pi(2\zeta) - \Pi(\zeta) = R(\zeta)\Pi(\zeta)$

　ただし、$R(\zeta)$ は２進法の数である。

　例．ζ が 6

　　$\Pi(\zeta) = 720$,　$\Pi(2\zeta) = 46080$

　　$46080 - 720 = R(\zeta)*720$

　　$R(\zeta) = 63$

第二章 | 余り

　わたしの目には、巡回数やその余りの数列の並び方はランダムなもののように見えていた。だが、p19の余りの数列を見ていたとき、末項から２倍の等比できちんとで並んでいる５項に目を奪われざるを得なかった。"もしかしたら、この関係は、その先にも続いているのではないだろうか？"と。そして次の瞬間、その疑問はハッキリとその５項目の16の次の"13はなぜ２倍の32ではないのだろうか"となっていた。

　p19　巡回数余りの数列

　$\{a_n\}$；(1) 10　5　12　6　3　11　15　17　18　9　14　7　13 **16　8　4　2　1**

　そもそも、巡回数では、その数列内に同じ数が何度も現れるため数と数の関係はわかりにくい。だが、余りの数列では、"全ての数が、それも一度現れるだけ"なので、数同士の関係がはっきりしている。それはちょうど、同じカードが１枚しかないトランプの１スーツのカードのように。そう、こんなことに巡回数でなく、余りの数列ではじめて気付いたのは、余りの数列にはこの"全数列"という特質があったからなのである。

　無意識のうちに、その"続いている関係"を同じ比での"連結"と決めつけて、その16と続きの数13との関係を考え続けていた。

　すると、その32と13の違いの19がこの数列の母数であるこ

とに気付いた。そこに母数が関係しているに違いないと。そして次の**7**にも同じように57（3*19）を加えれば32の2倍の64になることを確かめたがそのとき、それで満足せずもう一つの考えが浮かんだ！　"いや、その2倍というのを、余りの13の2倍の26と考えた方が合理的ではないだろうか"と。そのようにしても**7**に同じ母数を加えれば矛盾はないではないかと。ようするに、この連結には19（母数）の何倍かが隠れているということ、そしてこの連結は隣同士だけの関係であると。そしてその方法で計算を続けると、数列は期待したように最後まで"連結"していたのである。

　これが余りの連結の方式を見つけた経緯である。この考えを他母数の余りの数列の連結にも適応させるとその結果も全て期待通りだった。その上そんな計算の過程で、その結果に望外の発見があった。それはそのとき現れた"隠れていた数"の記録で、それらも巡回数のような種類の数列に見えた。

　それこそが以後明らかにする連結補正数列で、それを新たな数列として導入によってはじめて、余りの連結の様子はハッキリ理解できるようになったのである。

　連結でのこの補正（pの整数倍）は、それ以前より用いてきていた補正とは異なるものだということは再度付け加えておかなければならない。

　（注1）ここで新たに用いた補正とは、算盤でいう"くりあげ"のような作業である。

　これらの結論に至った道は、決してスンナリとした一本道ではなかった。これらのことを解明するのに、いままで用いてき

た計算方法や定義を旧態依然として使ってはこられなかったからである。

　理論の発展の段階に応じて、それらを発展的に作り上げるに相応しい新しい表現方法も場合に応じてとりいれてきた。マトリクスによってその都度数字を用いないでも数列全体を表せるようにしたり、また数列関係の視覚的把握を容易にするため、円環数グラフ（円環数コンパス）をとりいれたりしてきたのである。

Ⅰ．連結　succession

　巡回数は、素数 p 分の 1 の小数の循環節をもとにしてできている。それを求めるとき、まず 1 を 10 倍し、素数 p で割って余りを出し、またその余りを 10 倍したものを p で割って、余りが出たらまたその余りを 10 倍したものを p で割って次の数を出し……というふうにして、最後に余りが 1 になるまで計算を p−1 回繰り返しておわる。

　余りの数列は、こうした計算につれて現れる巡回数の数列に対応して現れるのである。

a. 余りの連結
⑴ 余りの連結

　巡回数の特定の項（商）を b_n とし、それに対応する余りを a_n とすると、それらの関係は、上に述べた巡回数を計算する方法をそのまま式にした次の漸化式で与えられる。

$$10a_n = pb_{n+1} + a_{n+1}$$

この式を a_n から a_{n+1} を求める式として次のように書き換えることにする。

$$a_{n+1} = 10a_n - pb_{n+1}$$

この式の意味は **"余りの数は、公比10の等比で大きくなる余りに母数 p の整数倍の補正を加えて（減じて）できている"** ということで、この式が余りの連結の定義となる。

この式の公比 r は、初項（それは末項の 1）と次の項（初項の 10）との比にするのが唯一合理的に思われる。

例1．p7　公比3　下段の括弧が補正

$\{a_n\}$;(1)　3　　　　2　　　　6　　　　4　　　　5　　　　1

　　　　(1)*3　3*3(1*7)　2*3　6*3(2*7)　4*3(7)　5*3(2*7)

例2．p17　公比10　横のカッコ内は補正 pb_{n+1}

$\{a_n\}$;(1) 10(0) 15(5p) 14(8p) 4(8p) 6(2p) 9(3p) 5(5p) 16(2p)

　　　　7(9p) 2(4p)　3(p)　13(p) 11(7p) 8(6p) 12(4p) 1(7p)

(2) 末項からの連結

それに対して前述の p19 で述べたように、数列は末項から逆方向にも連結している。すなわち、余りは順方向の場合と同じように一定の比 q で、補正を加えてできているのである。ただし、その q は余りの末項 a_{p-1} とその1項前の項 a_{p-2} との比になる。

$$q = a_{p-2}$$

例．p7　余りの末項から逆向の連結　連結比（公比）q = 5

$\{a_n\}$;　　3　　　　2　　　　6　　　　4

$$2*5(1*7), \quad 6*5(4*7), \quad 4*5(2*7), \quad 5*5(3*7),$$

$$5 \qquad\qquad 1$$
$$1*5(0*7) \quad 3*5(2*7)$$

数列の括弧内は、$p(=7)$ の整数倍の補正である。

この逆からの連結は、巡回数の性質からとても理にかなっている。注目すべきは、この逆からの連結で $\{a_n\}$ に付随してそれと対応して現れた補正の数列である。

それをここであらたに連結補正数を c_n とし、余りの数列を表したのと同じようにそれを連結補正数列 $\{c_n\}$ とする。

$$\{C_n\}; 1 \quad 4 \quad 2 \quad 3(q) \quad 0(q) \quad 2(q)$$

（注２）括弧内の q は、加えると対応する巡回数が現れることを示したものである。

こうして次の余りの連結式が出来る。

$$a_{n+1} = qa_n - c_n p$$

これを順方向の式と対応比較すると、最初の式の巡回数 b_n がこの式の余りの連結補正数（補正された）になっていることがわかる。すなわち、"巡回数は、余りの正方向の連結補正数である"といってもいいということなのである。

その並んだ連結補正数はまさしく巡回数と対応したものなのである。

b. 連結補正数とその連結補正数列

連結補正というのは、その単語の意味そのまま、上の例のように前項を単純に（公比で）何倍かしたとき、次の数が想定の

数ならそのまま、そうでないなら p の整数倍を想定の数になるまで減ずることである。そして、連結補正数 c_n とは、そのとき減らした p の回数である。この関係は項と項の関係に止まらず数列全体を覆っている。それらのことを表すことができるように以後 { } はマトリクス表記の記号とすることにする。

　そうして得られた数列 $\{c_n\}$ も前半後半に分割可能であり、対応する項同士も相補の関係にあることが見られる。こうして、この数列も巡回数、余りの数と同等の性質をもった数列の仲間、巡回数諸数列に位置づけることができたのである。

　連結は、連結比が違うととびとびになり、母数 p の数列なら p−1 までの整数、すなわち、1 から χ までが可能である。そして、そんな項同士の連結は、それに対応した距離 d（ディスタンス）によっても表される。

　例．p7　公比3

$\{a_n\}$；(1)　3　2　6　4　5　1

$\{c_n\}$；　　0　1　0　2　1　2

　例．p7　余りの連結比 χ を変えたとき、その距離 d と連結補正数列 $\{c_n\}$

連結比 χ	$\{a_n\}$；3	2	6	4	5	1
2(d＝2)	$\{c_n\}$；1	0	0	0	1	1
3(d＝1)	$\{c_n\}$；0	1	0	2	1	2
4(d＝4)	$\{c_n\}$；3	2	2	0	1	1
5(d＝5)	$\{c_n\}$；1	4	2	3	0	2
6(d＝3)	$\{c_n\}$；3	4	0	2	1	5

c. 余りの数の連結補正数による連結

　こうした連結補正によって得られるのが以後の関係式である。まず、余りの連結は、p分の1を求める方法そのまま、初項から順方向に連結比10（末項と初項の比）で、次項は補正によってその同じ倍数になっている。ただしそのとき、p数（母数）を越えることはできなくて、余りがp数以下になるまでpの整数倍を減じ（補正）た数が次項となる。

　　　$10\{a_n\} - \{a_{n+1}\} = p\{b_{n+1}\}$　…　①

　連結は末項から逆順にも**連結比 q**（末項とその前の項との比）で、隣り合う次項が補正によって前項のq倍になっている。そのときも補正の仕方は順方向のときと同じ（pの整数倍）である。そのことを①に対応させて式で表すと次のようになる。

　　　$q\{a_{n+1}\} - \{a_n\} = p\{c_n\}$　…　②

　こうして、一つの数列に順方向連結比 r(10) と逆順連結比 q の2通りの関係式が得られる。上の①②の二式はどちらも一つの連結を表したもので、これら二つの式より次の式が得られる。

　　　$(10q-1)a_n = p(b_{n+1}+10c_n)$

　この a_n の係数（10q−1）は、グループを表す記号として χ を用いると、pの χ 倍になっている。

　連結式からpとqの関係は次の式として得られる。

　　　$10q-1 = \chi p$　…　③

　例．p17　$\chi = 7$

　　　$10q-1 = 7*17$，q = 12になる。

ここでは順方向の連結比 r が 10 で、χ は {b_n} の末項 b_{p-1} で表されているのである。

（注3）実際には、計算から次の二式が得られ、この式が q を決める式でもある。

　　 i ．$\chi a_n = q b_{n+1} + c_n$

　　 ii ．$\chi a_{n+1} = b_{n+1} + 10 c_n$

　　　　 $a_{n+1}(q b_{n+1} + c_n) = a_n(b_{n+1} + 10 c_n)$

　［p と q と χ の関係］

p	7	(13)	**17**	19	23	29	**47**	59	61	**97**
q	5	(4)	12	2	7	3	33	6	55	68
χ	**7**	(1)	**7**	1	3	1	**7**	1	9	**7**

タイプと χ の関係、太字は 7 のグループ

　　［T1］…9，［T3］…3，**[T7]** …7，［T9］…1

q と p の関係。太字はタイプ数。

p	7	17	47	97	23
q	5,	5+1*7,	5+4*7,	5+9*7,	1+2*3

p	19	29	59	61
q	1+1*1,	1+2*1,	1+5*1,	1+6*9

（参考1）巡回数 p の q を式で表すと次のようになる。

$q = p - (k_p n_p + m_p)$

それら k_p, n_p, m_p の値は以下のようになっている。

　　k_p ; 1(1), 3(7), 7(3), 9(9)

　　n_p ; 10 位の数そのまま

　　m_p ; 1 位の数　0(1), 2(3), 2(7), 8(9)

例．p47　連結補正定数

　　q＝47−(3*4+2)

　実に、このように余りの数列の項が、末項が1であるということ以外にもその手前の項（ブービー項）の数値も規則によって決められていたのである。

　こうして、三つの数列の間に一般的な次の関係式を得ることができる。

　　$\chi\{a_n\}＝\{b_n\}+10\{c_{n-1}\}$　…　④

　さらに a_n，b_n，c_n の数列内の前半と後半には次の関係がある。

　　$\{b_n\}+\{b_{z+n}\}＝(10-1)\{R\}$　…　9相補

　　$\{a_n\}+\{a_{z+n}\}＝\quad p\{R\}$　…　p相補

　　$\{c_n\}+\{c_{z+n}\}＝(q-1)\{R\}$　…　（q−1）相補

　Rは1が巡回数と同ケタ数並んだレピュニット数。

d. もう一つの連結（前章続き）

　連結についてはもう一つの仕方がある。それは連結比一定ということを相隣り合う前項と後項の両方を組み合わせごとに補正して成立させることもできる。その場合、左右の両方を補正するので前項の補正 α と後項の補正 $\alpha^{\star}$ の二つの補正が現れる。

　例．p7　連結比　3:2　補正（α_n，$\alpha^{\star}_n$）

　$\{a_n\}$；3(0,0)　2(p,0)　6(0,0)　4(2p,p)　5(p,p)　1(2p,p)

補正数列で表すと、それぞれは次のようになる。

　$\{\alpha_n\}$；0，　1，　0，　2，　1，　2

$\{\alpha^{☆}_n\}$; 0,　0,　0,　1,　1,　1

この　$\{\alpha_n\}$　は、数的には　$\{\alpha^{☆}_n\}$　と下の　$\{\gamma_n\}$　との和である。

$\{\alpha_n\} = \{\alpha^{☆}_n\} + \{\gamma_n\}$

$\{\gamma_n\}$　; 0,　1,　0,　1,　0,　1

この表し方では、一般的には連結は次のように表される。

$\{a_n + \alpha_n p\} : \{a_{n+1} + \alpha^{☆}_n p\} = \{M\} : \{N\}$

この連結は、項と項の間に止まらなくて２項ずつ組（階和）にした連結においても成り立っている。

e. 連結比２

例１. p17　連結比　r＝4, ディスタンス　d＝4

$\{a_n\}$; **(1)** **10** 15 14 4 **6** 9 5 16 **7**

連結補正　　　(2p) (p) (2p)　　(2p) (3p) (3p)　　(p)

　　　　　2　3　**13**　11　8　12　1
　　　　(2p) (p) (3p) (p)　　　(3p)

末項の１から次の４までがディスタンス４で、比は４である。次の４倍の16はやはりそこからディスタンスが４のところにある。

同じようにすると、次のディスタンスが４のところには13がある。だが、これも補正によってp（＝17）の３倍を加えれば16の４倍の64の値は得られるのである。

こうしたことを繰り返せば、その先も同じディスタンスのところには４倍の数が現れることを上の例の余りの数列全体でも

確かめることができる。

　その中に連結比2にしたとき特異な例がある。

　例2．p17　連結比　r＝2，ディスタンス　d＝10

　　{a_n}　；(1)　10　**15**　14　4　6　9　5　**16**　7　**2**　3　13　11
　補正(p)；　　　0　1　0　0　0　1　1　0　1　0　1　1　1

　　　　　　　　8　12　**1**
　　　　　　　　0　　0　　1

　まず、公比2の場合（ディスタンス10のとき）1，2，4，8，16と続くことは容易にみることができる(赤字)。次の17をこえた32のところが15になっているが、そこは補正（pを減ずる）によるのである。こうして偶数項を全て埋めてゆくと元に戻ってくる。

　また奇数項も10からはじめて3，6，12，7，14，11，5まで余りを全て補正することによってつながっている。

　ここに現れた連結補正数が全て1であることが大問題なのである。

II．連携　alignment

　余りの数列では上に述べたように隣り合う余り同士の連結以外にも、列内の一定の距離（ディスタンス）離れた多項の間にも補正によって連続して一定の関係が成立している。それが連携で、この関係は離れた数の間の関係なので、そんな関係を視覚的にも把握できるように導入したのが円環数グラフである。

a. 余りの数列の巡回

　整数倍したものが配列を変えないで位相をずらして現れるという巡回数の巡回と同じことは、余りの数列においてもあるのだろうか。

⑴ 巡回数の倍数というのは全体数の倍数ということである。

　それに対して余りの倍数は各項の倍数になる。

　例. p7 $\{a_n\}$ の2倍は次のようになる。

　　$2\{a_n\}$；$\{6\quad 4\quad 12\quad 8\quad 10\quad 2\}$

　　　$=\{6\quad 4\quad 5\quad 1\quad 3\quad 2\}+\{0\quad 0\quad 7\quad 7\quad 7\quad 0\}$

　2倍の余りの数列は、上の例のように補正をするともとの数列から位相（配列）が移動した数列になって補正を伴ったかたちで巡回して現れているのである。記号を用いれば次のようになる。

　　　　$=\{a_{n+4}\}+p\{0\quad 0\quad 1\quad 1\quad 1\quad 0\}$

　このように余りの巡回は巡回数の巡回と対応していることも注目すべきことである。

　（注4）p数一般について、余りの数列の2倍の数列は補正も同じように移動して次のようになる。α は後述。

　　$2\{a_n\}=\{a_{n+\delta}\}+p\{\alpha_{n+\delta}\}$

　この "2倍" は、単なる2倍ではなく後の問題とも絡まって極めて大切な意味をもつ。

⑵ 基本数列のn倍の補正部分は、倍率（n–1）の数列の補正部

分に新たな補正を付加したものになる。

例１．p7　数列 $\{a_n\}$ の３倍

$3\{a_n\} = \{9 \quad 6 \quad 18 \quad 12 \quad 15 \quad 3\}$

$\qquad = \{2 \quad 6 \quad 4 \quad 5 \quad 1 \quad 3\} + p\{1 \quad 0 \quad 2 \quad 1 \quad 2 \quad 0\}$

$\qquad = \{a_{n+5}\} + p\{0 \quad 0 \quad 1 \quad 1 \quad 1 \quad 0\} + p\{1 \quad 0 \quad 1 \quad 0 \quad 1 \quad 0\}$

４倍以上７倍までを計算すると次のようになる。

$\quad 4\{a_n\} = \{a_{n+2}\} + p\{1, 1, 3, 2, 2, 0\}$

$\quad (p\{0 \; 0 \; 1 \; 1 \; 1 \; 0\} + p\{1 \; 0 \; 1 \; 0 \; 1 \; 0\} + p\{0 \; 1 \; 1 \; 1 \; 0 \; 0\})$

$\quad 5\{a_n\} = \{a_{n+1}\} + p\{2, 1, 4, 2, 3, 0\}$

$\quad 6\{a_n\} = \{a_{n+3}\} + p\{2, 1, 5, 3, 4, 0\}$

$\quad 7\{a_n\} = p\{R\}$

付加される補正は交互エンゼル数列とエンゼル数列が交互になっている。

ここに和として現れた数列は具体的なものではないので見かけの数列と呼ぶことにする。

こうしてできた余りの数列もまた巡回数 $\{b_n\}$ の倍数と対応して巡回し、補正数列も倍率に応じて規則正しくその巡回に加わっていることがわかる。

そして、（みかけの）余りの列が巡回して現れる位置は、次のようにその末項が１から順に大きくなる順序である。

$\quad \{a_{n+4}\}, \quad \{a_{n+5}\}, \quad \{a_{n+2}\}, \quad \{a_{n+1}\}, \quad \{a_{n+3}\}$

この問題は基本的な問題なのでもう少し付け加える。

例２．p17　公比２，$\delta = 10$（末項から順方向に）。

ここでは、余り２の末項１からの δ は $\delta = 6$ である。

$\quad 2\{a_n\}$;

2*10(3+p)，2*15(13+p)，2*14(11+p)，2*4(8)，
2*6(12)，2*9(1+p)，2*5(10)，2*16(15+p)，
2*7(14)，2*2(4)，2*3(6)，2*13(9+p)，2*11(5+p)，
2*8(16)，2*12(7+p)，2*1(2)
$= \{a_{n+6}\} + p\{\alpha_{n+6}\}$

$\{\alpha_n\}$：0 1 0 0 0 1 1 0 1 0 1 1 1 0 0 1

赤字がもとの余り、カッコは計算した値。

例3．p19　δ＝17　2倍と3倍

$2\{a_n\} = \{a_{n+1}\} + p\{\alpha_{n+1}\}$

$\{\alpha_n\} = \{0\ 1\ 0\ 0\ 1\ 1\ 1\ 1\ 0\ 1\ 0\ 1\ 1\ 0\ 0\ 0\ 1\}$

$3\{a_n\} = \{a_{n+5}\} + p\{\alpha_{n+6}\} + p\{1\ 0\ 0\ 0\ 0\ 0\ 0\ 0\ 0\ 0\ 1\ 1\ 1\ 1$
$1\ 1\ 1\ 1\}$

［公比2でのpの違いによる循番の公差r］

p	p7	p17	p19	p23	p29	p47	p59	p61	p97
r	4	6	1	14	17	16	33	13	10

p19，p29，p59の公差には16ずつの差がある。こうして、巡回数では巡回数列上の決められた場所に決められた数が必然的に位置することがわかるのである。

b. 余りの循番（前章続き）

　下は、余り A_n の順に循番Nを並べたものである。ただし、ここでも余りと循番がもとの位置と違う場所にきているので大文字を用いている。

　例．p17

　　$\{N_n\}$；16 10 11　4　7　5　9 14　6　1 13 15 12　3　2　8

{A_n}; 1　2　3　4　5　6　7　8　9　10 11 12 13 14 15 16

　次に、上の{A_n}の数列の数の2倍ごとの数にそれと対応する {N_n} を補正を加えて並べ直す。★は並べなおした数。

　　{N★_n}; 16　　　　10　　　　4　**14(16-2)**　8　　　　2

　　{A★} ;　1　　　　　2　　　　4　　　　8　　　16 **15(32-p)**

　　　　　　12(16-4)　　　6　　　**16(0)**

　　　　　　13(30-p) 9(26-p)　1

　すると、{N_n} は公差6で繋がり、16を越えると16を減じた（補正した）数列をとる。赤字は2倍ごとの余りで、青字は補正によるその16の続きである。

　こうして、公比2のA*の数列（太字、赤）に対応したN*の数列は、公差が-6の等差数列（補正p-1）となっていることを読み取ることができる。

c. 余りの数列の和

(1)余りの2項の和は、補正によって余りの列の特定の項（みかけの項）に現れる。

　連続した隣り合う（ディスタンス1）2項の和（階和）は、次のようにその列内の別のところにp補正されたみかけの余りとして現れる。

　例1．p17　連続する余り2項の和

　　　{a_n}+{a_{n+1}}={a_{n+13}}+p{β_{n+15}}

　{β_n} については後述するが、それは前述の {α_n} とともに数列の変換で重要な役割をもった数列である。もう少し具体的

76

に次の例。

例２．p19　連続する余りの２項の和

$\{a_n\}$；(1)　10　5　12　6　3　11　15　17　18　9　14　7　13　16　8　4　2　1

1+10=11,　10+5=15,　5+12=17,　12+6=18,　6+3=9,　3+11=14,
…

みかけの和は、余りの５項目（11）以降に続いて現れている。これを式で表すと次のようになる。

$$\{a_n\} + \{a_{n+1}\} = \{a_{n+1+5}\} + p\{E_{n+2}\}$$

$\{E_n\}$；0 0 0 0 0 0 0 0 0 1 1 1 1 1 1 1 1 1

例３．p23　連続する余りの２項の和

$\{a_n\}$；10　8　11　18　19　6　14　2　20　16　22

　　　　　13　15　12　5　4　17　9　21　3　7　1

10+8 = 18,　8+11 = 19,　11+18 = 29(**p**+6),

18+19 = 37(**p**+14),　…

$$\{a_n\} + \{a_{n+1}\} = \{a_{n+3}\} + p\{e_n\}$$

補正の $\{e_n\}$ は、$\{E_n\}$ が変化したものである。

$\{e_n\}$；0　0　0　0　0　1　1　1　0　0　0

　　　　　1　1　1　1　1　0　0　0　1　1　1

これらの関係を一般的に式で表せば次のようになる。

$$\{a_n\} + \{a_{n+1}\} = \{a_{n+6}\} + p\{e_n\}$$

こうして次の結論に達することができた。すなわち、連続する２項の和は、みかけの和と、"**１と０だけからなる特殊な形をした数列**"の p 倍の補正数列との和になる。

（参考２）p7の連続した余りの２項の和

$$\{a_n\} + \{a_{n+1}\} = \{a_{n+4}\} + p\{0\ 0\ 1\ 1\ 1\ 0\}$$

ここに現れた0と1からなる数列をエンゼルと名づけた。その α も β も、単位 {E} の整数倍の数列である。

（参考3）{e_n} は、基本 {E_n} から変化したものである。

⑵ 跳び跳びに一定のディスタンス δ の2項の和

　　2項が隣り合っていない場合にも同じような関係は成立する。

　　例．p23　1項おき（$\delta = 2$）の余りの和

　　　{a_n}＋{a_{n+2}}＝{a_{n+3}}＋p{e_n}

　　　{e_n}；0 1 1 1 1 **0** 1 **0** 1 1 1　1 **0** 0 0 0 **1** 0 **1** 0 0 0

⑶ p7について、ディスタンス δ の余りの2項の和とその補正を纏めると次のようになる。

　　　{a_n}＋{a_n}　＝{a_{n+4}}＋p{0 0 **1** 1 1 0} … 14

　　　　　＋{a_{n+1}}＝{a_{n+2}}＋p{**0 1 1 1 0 0**} … 28

　　　　　＋{a_{n+2}}＝{a_{n+5}}＋p{**1** 0 **1** 0 1 0} … 42

　　　　　＋{a_{n+3}}＝ p{R}

　　　　　＋{a_{n+4}}＝{a_{n+1}}＋p{**1** 0 **1** 0 1 0} … 42

　　　　　＋{a_{n+5}}＝{a_{n+3}}＋p{0 0 **1** 1 1 0} … 14

　　右に著した数は、補正の比例関係を見るため {e} を2進法で表したものである。規則正しく並んでいるのがわかる。

　　（参考4）p17について、2項間のディスタンス δ を順に大きくしたときの見かけの和のずれる位置 x とその補正数の関係を纏めると一般的には次のようになる。

　　　{a_n}＋{$a_{n+\delta}$}＝{a_{p-x}}＋p{e}

［δとみかけの余りＸの関係］

δ；1　2　3　4　5　6　7　8　**9　10　11　12　13　14　15　16**

Ｘ；3　8　14　9　7　15　11　－　2　5　12　13　1　10　4　6

補正数{e}もδの順に次のようになっている。

{β_{n+1}}{α_{n+6}}{γ_{n+12}}{β_{n+2}}{β_{n+1}}{γ_{n+6}}{γ_{n+16}}

{γ_{n+6}}{γ_{n+12}}{β_{n+6}}{β_{n+6}}{γ_{n+16}}{α_{n+8}}{β_{n+2}}{α_{n+6}}

α，β，γは、後述のp17の諸巡回数を構成するエンゼル数列の基本の数列である。この計算でそれらが補正として相補的に現れているのがわかる。太字の三つのペア補正項（色別）は対称的な位置関係を表すものである。

(4) 余りの３項の和がｐの整数倍

余りの３項の和がｐの整数倍になる関係があるとき、３項とそれぞれ同じディスタンスにある３項も補正によって同じ関係になる。それは式で表すと次のように表される。

$$\{a_n\} + \{a_{n+m}\} + \{a_{n+6}\} = kp\{e_n\}$$

例．p17　m＝1，δ＝5

{s_n}；2　2　2　1　1　2　2　2　1　1　1　2　2　1　1　1

{a_n}；**10　15**　14　4　6　**9**　5　16　7　**2**　3　**13**　11　8　12　1

n＝1としたとき、そのnとのディスタンスが1と5の2項（15と9）との和は10+15+9＝34(2p)である。すると、n＝7としたとき、同じディスタンスにある2項（16と13）との和は5+16+13＝34(2p)となる。以下は上の数列例のa_nと和s_nの関係を表したものである。

{a_n}の上の段{s_n}は、３項の和のnに対応したｐの係数で

ある。

$$\{s_n\} = \{R\} + \{\beta\}$$
$$\{\beta\}; 1\ 1\ 1\ 0\ 0\ 1\ 1\ 1\ 0\ 0\ 0\ 1\ 1\ 0\ 0\ 0$$

d. 余りの数列とその逆順の数列

順方向の数列と逆方向の数列的扱い方の違いは記号での循番の符号が正か負の違いだけである。ここでは、逆順であることがわかるようにそれを添え字＊で示すことにする。

⑴ 余りの順と逆順の和

例１．p17　余りの数列の順と逆順の数列の和。p は和の補正

$\{a_n\}$;	10	15	14	4	6	9	5	16	7	2	3	13	11	8	12	1
$\{a_{p-n}{}^*\}$;	1	12	8	11	13	3	2	7	16	5	9	6	4	14	15	10
和	11	10p	5p	15	2p	12	7	6p	6p	7	12	2p	15	5p	10p	11

$$\{a_n\} + \{a_{p-n}{}^*\} = \{f_n\} + p\{\gamma_{n+4}\}$$
$$\{f_n\} = \{11, 10, 5, 15, 2, 12, 7, 6, \mathbf{6, 7, 12, 2, 15, 5, 10, 11}\}$$
$$\{\gamma_n\}: \{0, 1, 1, 0, 1, 0, 0, 1, 1, 0, 0, 1, 0, 1, 1, 0\}$$

例２．p19　余りの数列の順と逆順の和

$\{a_n\}$;	10	5	12	6	3	11	15	17	18	9	14	7	13	16	8	4	2	**1**
$\{a_{p-n}{}^*\}$;	**1**	2	4	8	16	13	7	14	9	18	17	15	11	3	6	12	5	10

$$\{a_n\} + \{a_{p-n}{}^*\} = \{f_n\} + p\{e_{n+14}\}$$
$$\{f_n\} = \{11, 7, 16, 14, 0, 5, 3, 12, \mathbf{8, 8, 12, 3, 5, 0, 14, 16, 7, 11}\}$$
$$\{f_n\} + \{f_{n+\zeta}\} = p\{R\}$$
$$\{e_n\} = \{0\ 0\ 0\ 0\ 0\ 0\ 0\ 0\ 1\ 1\ 1\ 1\ 1\ 1\ 1\ 1\ 1\ 1\}$$

　{f_n} は、数列同士の計算に伴って生まれた新しい数列で、相補で対称型 Y = X*。そして部分数列内でも2分割した数列が相補をなしている。

⑵ 余りの数列とその逆順の数列の差
　　例．p17　余りの数列と逆順の数列の差
　　{a_n};　10 15 14 4　6　9　5　16　7　2　3　13 11　8　12　1
　　{a_{p-n}*};1　12　8　11 13　3　2　7　16　5　9　6　4　14 15 10
　　差　　　　9　3　6　–7 –7　6　3　9　–9 –3 –6　7　7　–6 –3 –9
　負の項に p の補正をすると次のようになる。赤字は負。
　　　　{a_n}–{a_{p-n}*}={f_n}–p{β_{n+14}}
　　　　{f_n}={9 3 6 12　12 6 3 9　10 16 13 7　7 13 16 10}
　　　　{β_{n+14}}={0 0 0 1　1 0 0 0　1 1 1 0　0 1 1 1}
　これは部分数列内でも対称の中心が移動した Y = X* のタイプの数列である。

⑶ 余りの数列の項ごとの差をとってできるのが余りの階差数列である。階差数列には、数列中にマイナスが現れ、極めて興味深い問題を提起している。

　e. 余りの階差数列
⑴ この階差数列 {δ_n} は、次のように数式で表される。
　　{δ_n}={a_{n+1}}–{a_n}
　これはディスタンスの問題でもある。

例．p17　余りの階差数列

$\{a_n\}$;　10　15　14　4　6　9　5　16　7　2　3　13　11　8　12　1

$\{\delta_n\}$;　5　–1　–10　2　3　–4　11　–9　–5　1　10　–2　–3　4　–11　9

　このような階差数列の現れ方は非常に簡単なことを表現している。それは数列の前半と後半で隣り合う項の差がいつも同じで逆向きになっているということである。

　階差数列のプラス赤は前の項より大きいこと、またマイナス青はその反対に小さいことを表している。そのことからプラスの項例えば15をアップ、マイナスの項例えば4をダウンと呼ぶ。

⑵ この数列は次のようにアップ数列とそれと位相のずれたダウン数列の和と考えられる。

　　$\{\delta_n\}＝\{U_n\}+\{D_n\}$,

　　　$\{U_n\}$;　5　0　0　2　3　0　11　0　0　1　10　0　0　0　4　0　9

　　$-\{D_n\}$;　0　1　10　0　0　4　0　9　5　0　0　2　3　0　11　0

　　　　　　　p　p　　　　　p　　　p　p　　　　　　p　p　　　p

（参考5）巡回数の階差数列

ⅰ．どちらの数列も巡回数の前半 X に 1 を加えた（X+1）の因数をもつ。

ⅱ．階差数列は、次のように表される。

　　$\{U_n\}-\{D_n\}＝\{U_n\}+\{U_{n+\zeta}\}$

　　　　　　　　$＝9(10^{\zeta}-1)(X+1)＝9P$

　すなわち、階差数列は、Ｐの９倍になるということである。

例．p17の巡回数の階差数列

$\{\delta_n\}$；5　3　0　–6　1　2　–3　7　–5　–3　0　6　–1　2　3　–7

$\{U_n\}$；5　3　0　0　1　2　0　7　0　0　0　6　0　0　3　0

$\qquad\qquad\qquad\cdots\quad 2\cdot 3^4\cdot 5\cdot 13\cdot 41\cdot 2087\cdot (X+1)$

$\{D_n\}$；0　0　0　6　0　0　3　0　5　3　0　0　1　2　0　7

$\qquad\qquad\qquad\cdots\qquad\qquad\quad 3^4\cdot 43\cdot 293\cdot (X+1)$

$\{U_n\}-\{D_n\} = 3^2(X+1)E = 3^2P$

⑶ ディスタンスがζの階差数列では、項の積の関係を用いて次のことがいえる。

$\qquad a_{n+\zeta}{}^2-a_n{}^2 = m_n p$,　$a_{n+\zeta}+a_n = p$ より、

$\qquad\therefore\quad a_{n+\zeta}-a_n = m_n$

　すなわち、相補の２項の差の数列 $\{m_n\}$ は、ディスタンスがζの階差数列である。それは余りの数列に対応している。

　p17

$\qquad \{m_n\} = \{a_{n+10}\}-p\{\gamma_n\}$

Ⅲ．余りの数列の積

　余りの数列内の、一定のディスタンスにある２項の積は次のようにマトリクスを用いて簡明に表現することができる。

（注５）ここまで数列を { } だけを用いて表してきたが、ここで積を表すためにその括弧を次のように、数列の積を、左を行（よこ）のマトリクス { 」、右を列（たて）のマトリクス

「 }で表すことにする。この記法はファインマンのブラケットから考えついたものである。

（注6）マトリクスとは、"生み出すもの"の意。行はrow、列はcolumn。

a. 数列の積
巡回数内の余りの2項は、積の関係でも補正を加えるともとの余りの数列と特定の関係を成立させている。

⑴ 連続する余りの2項の積（補正）は、数列内にとびとびのみかけの項に現れる。

例1，p7　連続する余りの2項の積

$\{a_n\}$;	3	2	6	4	5	1
積 ;	3*2	2*6	6*4	4*5	5*1	1*3
	6	5+p	3+3p	6+2p	5	3

赤字が2n（偶数番項）の場所

$\{a_{2n+1}\}$;　6　5　3　6　5　3

$\{m_n\}$ = {0, 1, 3, 2, 0, 0}

例2．p17　連続する余りの2項の積

$\{a_n\}$;10 15 14 **4 6** 9 5 16 7 2 3 13 11 **8 12** 1

$10*15 = \textbf{14}+8p$,　$15*14 = \textbf{6}+12p$,　$\cdots 4*6 = 7+p$,　$7*2 = 14$,

$5*16 = 4+p$,　$\cdots$

積はみかけの積として1項おきに14，6，5，7……と現れ、補正項も規則正しく現れる。

m_n は以下のような数列である。

84

{m_n}；8, 12, 3, 1, 3, 2, 4, 6, 0, 0, 2, 8, 5, 5, 0, 0

（参考６）この補正の数列 {m_n} も、余りの数列 {a_n} の順回した数列と次の関係式で結びついている。

$$\{m_n\} - \{m_{n+\zeta}\} = \{a_{n+10}\} - p\{\beta_{n+9}\}$$

$$\{\beta_{n+9}\}；0 0 0 1 1 1 0 0 1 1 1 0 0 0 1 1$$

この {β_n} は後述の基本数列で、これは階差数列を求めた式と形が一致する。

こうして、それらの積は２項から離れたところに現れたみかけの余りに補正を加えた次の式で与えられるということになるのである。

$$\{a_n\}「a_{n+1}\} = \{a_{2n+1}\} + p\{m_n\}$$

(2) この関係は隣り合う余りの項の関係のみでなく、一つおきの項同士の積関係でも成り立っている。

$$\{a_n\}「a_{n+2}\} = \{a_{2n+2}\} + \{m_n\}p$$

例１，p7　一つとびの項の積

左辺；3*6 = 18,　　2*4 = 8,　　6*5 = 30,　　4*1 = 4,

右辺　　4+2p,　　　　1+1p,　　　　2+4p,　　　　4+0,

5*3 = 15,　　1*2 = 2

1+2p,　　　　2+0

{a_{2n+2}}；4　1　2　4　1　2

また補正は、偶数項を二巡した次のような数列。

$$\{m_n\} = \{2, 1, 4, 0, 2, 0\}$$

例２．p17 {a_n}「a_{n+2}} の補正数 {m_n}

$\{m_n\}$; 8, 3, 4, 2, 1, 8, 2, 1, 1, 1, 1, 6, 7, 0, 7, 0

$\{m_n\} - \{m_{n+\zeta}\}$

$\qquad = \{a_{n+\zeta}\} - p\{\alpha_{n+14}\}$

$\{\alpha_{n+14}\}$; $\{0\ 0\ 0\ 1\ 1\ 0\ 1\ 0\quad 1\ 1\ 1\ 0\ 0\ 1\ 0\ 1\}$

⑶ この関係は相手として同じ項をとって（平方にして）も成り
立っている。

$\quad (\{a_n\} \ulcorner a_n\} =) \{a_n{}^2\} = \{a_{2n}\} + p\{m_n\}$

例１．p17　項の平方（余り，p数）

$\{a_n{}^2\}$; 10^2　　15^2　　14^2　　4^2　　　6^2　　　9^2　　　5^2

$\qquad$ (15, 5)　(4, 13)　(9, 11)　(16, 0)　(2, 2)　(13, 4)　(8, 1)

$\qquad\quad$ 16^2　　　7^2　　　2^2　　　3^2　　　13^2　　　11^2　　　8^2

$\qquad$ (1, 15)　(15,2)　(4, 0)　(9, 0)　(16, 9)　(2, 7)　(13, 3)

$\qquad\quad$ 12^2　　　1^2

$\qquad$ (8, 8)　(1, 0)

$\{a_{2n}\}$; 15,　4,　9,　16,　2,　13,　8,　1,　15,　4,　9,

階差 ;　　−11　5　　7　−14　11　−5　−7　14　−11　5　　7

$\qquad$ 16,　2,　13,　8,　1,

$\qquad\quad$ −14　11　−5　−7　14

$\{a_{2n}\}$ は、逆順に公比8でとびとびに連結している。

このように平方数も単に繰り返すのみでなく、その階差も対
称になっている。そして、負の値にはpを加えるというルール

86

づけをすれば、数列は一貫性を得るのである。

$\{m_n\}$; 5, 13, 11, 0, 2, 4, 1, 15, 2, 0, 0, 1, 7, 3, 8, 0

$\{m_{\zeta+n}\} - \{m_n\} = \{a_{n+6}\} - p\{\alpha_{n+14}\}$

例２．p19　平方数の連結

$\{a_n{}^2\}$; 10^2	5^2	12^2	6^2	3^2	11^2	15^2
$(5,5)$	$(6,1)$	$(11,7)$	$(17,1)$	$(9,0)$	$(7,6)$	$(16,11)$

17^2	18^2	9^2	14^2	7^2	13^2	16^2
$(4,15)$	$(1,17)$	$(5,4)$	$(6,10)$	$(11,2)$	$(17,8)$	$(9,13)$

8^2	4^2	2^2	1^2
$(7,3)$	$(16,0)$	$(4,0)$	$(1,0)$

この数列の $\{\ \}$ 内の左はみかけの数で、余りの**偶数番**の値 $\{a_{2n}\}$ と一致している。また右は補正 p の倍数 $\{m_n\}$ で、階差数列にも現れた式と同じである。

$\{m_n\}$; 5 1 7 1 0 6 11 15 17 4 10 2 8 13 3 0 0 0

この関係は離れた項との積をとっても成り立つ。

ディスタンス ð の関係の２項 a_n と $a_{n+\delta}$ では、次のようになる。

$\{a_n\}\ulcorner a_{n+\delta}\} = \{a_{2n+\delta}\} + p\{m_{2n+\delta}\}$

これらのことから、次のような大きな結論を得ることができる。

"n 項目（循番 n）の余りと n+ð 項目（循番 n+ð）の余りとの積は、とびとびのみかけの余りとその補正数倍の p の和とし

て現れる"。

⑷ 平方の数列では、相補の関係の項との差に著しい特徴がある。式で示すと次のようになる。

$$\{a_{n+\zeta}{}^2\}-\{a_n{}^2\} = p\{m_n\}$$

例1．p7　平方の差

$$\{a_{n+\zeta}{}^2\}-\{a_n{}^2\}$$
$$= p\{1, 3, 2\ 6, 4, 5\}-p\{0, 0, 1, 1, 1, 0\}$$
$$= p\{a_{n+1}\}-p\{\alpha_{n+4}\}$$

例2．p17　平方の差

$$p\{m_n\} = p\{-3,\ -13,\ -11,\quad 9,\quad 5,\quad -1,\quad 7, -15,$$
$$3,\quad 13,\quad 11\quad -9,\ -5,\quad 1,\quad -7,\quad 15\}$$
$$= p\{a_{n+14}\}-p\{\alpha_{n+6}\}$$
$$\therefore\quad \{m_n\}=\{a_{n+14}\}-\{\alpha_{n+6}\}$$

補正箇所も余りの補正を順回させたところになっている。

すなわち、"相補の関係にある平方の２項の差は、余りの数列の順回した数（みかけの数列）のｐ倍から補正をひいたもの"ということなのである。

こうして余りの項と項の関係は、単にそこに止まらず、余りの数列と数列の関係につながっていることがわかる。要するにこの関係は、項と項から前半と後半（Y−X）そして数列と数列の差の関係へと発展しているのである。

さらに続ければ、相補と２項の差との関係はどちらも平方の差が分かれたものだった。すなわち、そのｐを除いた余りの２項の差こそ、相補と対になって余りに存在する**"準相補"**の関

88

係（後述）なのである。

b. 逆順列の数列

　巡回数と逆の順に並んだ逆順列の数列も巡回数諸数列の一部を形成している。巡回数の各要素とそれに対応した逆順数列（アステリスクで表す）の各要素との積の数列は、極めて特徴的な形に表される。

　例１．p7　順逆の数列の積の関係

$\{a_n\}$；３２６４５１，$\{a_{p-n}*\}$；１５４６２３

$\{a_n\}\ulcorner a_{p-n}*\}=\{3\ 10\ 24\ 24\ 10\ 3\}$
$\qquad\qquad\qquad =3\{R\}+p\{0\ 1\ 3\quad 3\ 1\ 0\}$

　例２．p17　順逆の数列の積の関係

$\{a_n\}\ulcorner a_{p-n}*\}=10\{R\}+p\{0\ 10\ 6\ 2\ 4\ 1\ 0\ 6\quad 6\ 0\ 1\ 4\ 2\ 6\ 10\ 0\}$

　一般の式は、始点の移動と共に $\{R\}$ の係数が余りの順序に対応して変わり次のようなかたちになる。

$\{a_n\}\ulcorner a_{p-x-n}*\}=\{a_x\}\{R\}+p\{m_n\}$

　一般的に、逆順の始点を末項からはじめると、$m_n(=k)$ は－１になり、その相補の項からはじめると次のように＋１になる。

$\{a_n\}\ulcorner a_{p-n}*\}\pm\{R\}=p\{m_n\}\ \cdots\ \ m_n=0,\ -1,\ \cdots$

　そして、それぞれに応じた m_n は巡回数のタイプのまま下の表のようになる。

k	p7	p17	p19	p23	p29	p47	p59	p61	p97
−1	3	7	1	3	1	7	1	9	7
+1	1	3	9	7	9	3	9	1	3

c. 余りの平方

(1) 余りの平方とそれから同じディスタンス δ にある前後の余りの2項の積との差はpの整数倍になる。

$$\{a_n{}^2\} - \{a_{n+\delta}\} \ulcorner a_{n-\delta} \urcorner = p\{m\}$$

(2) 余りの2乗（平方数）に補正を加えると"その両隣りの余りの積"になる。

例． p19　11 (n = 6)，　$\delta = 1$
$$11^2 - 4*19 = 15*3$$

(3) 前半の末項から後半の末項までのディスタンス δ は順方向からも逆方向からも等しい。ゆえに、前半の末項の平方から1を減じたものはpの整数倍になる。

例． p19　末項1、前半の末項は18である。どちらからディスタンスをとっても $\delta = 9$ である
$$18^2 - 1^2 = 17*19$$

(4) 相補の関係の余りは、全てそれら2項の差 m_n とpとの積になる。

$$\{a_n{}^2\} - \{a_{n+\zeta}{}^2\} = p\{m_n\}$$

すなわち $\{m_n\}$ は，前述の階差数列 $\{\delta_n\}$ なのである。

例． p17　相補の関係の余りの平方の2項の差
$\{a_n\}$; 10 15 14 4 6 9 5 16 7 2 **3 13 11 8 12 1**
$\{a_n{}^2\} - \{a_{n+8}{}^2\}$
$= p\{3, 13, 11, -9, -5, 1, -7, 15, -3, -13, -11, 9, 5, -1, 7, -15\}$

これを式で表すと次のようになる。

$$\{a_n\} - \{a_{n+8}\} = \{a_{n+10}\} - p\{\alpha_{n+14}\}$$

Ⅳ. 巡回数列と余りの数列そして連結補正数列

a. 巡回数諸数列間の関係

巡回数列と余りの数列と連結補正数列は、それぞれ独立したものではあるが同じ母数ではそれらは数列として関連しあってもいる。

(1) 連結補正の数列 $\{c_n\}$ と余りの数列 $\{a_n\}$

余りと連結補正の関係は、連結補正をつくった連結補正の最初に現れた関係である。

　例．p7　公比5

$$\{a_n\} = 5\{a_{n+1}\} - p\{c_n\}$$

一般的には $\{a_{n+1}\}$ の $\{a_n\}$ と $\{c_n\}$ との関係は次のようになる。

$$(10 - \chi p)\{a_n\} = \{a_{n+1}\} - 10p\{c_{n-1}\}$$

(2) 巡回数の数列 $\{b_n\}$ と連結補正数列 $\{c_n\}$

巡回数列と連結補正数列は本来の意味からも特別な関係であるともいえる。

　例．p7

$$\{b_n\} - \{c_n\} = 5\{\alpha_{n+5}\}$$

例．p17

$\{b_n\}$; 0 5 8 8 2 3 5 2 9 4 1 1 7 6 4 7

$\{c_n\}$; 10 9 2 4 6 3 11 4 1 2 9 7 5 8 0 7

$2\{b_n\}-\{c_{n+1}\}$

$\quad = \quad \{-7\ 0\ 7\ 14\ 0\ 0\ 7\ -7\ 14\ 7\ 0\ -7\ 7\ 7\ 0\ 14\}$

$\quad = 14\{0\ 0\ 1\ 1\ 0\ 0\ 1\ 0\ 1\ 1\ 0\ 0\ 1\ 1\ 0\ 1\}$

$\qquad -7\{1\ 0\ 1\ 0\ 0\ 0\ 1\ 1\ 0\ 1\ 0\ 1\ 1\ 1\ 0\ 0\}$

$\quad = 14\{\beta_{n+7}\}-7\{\alpha_{n+15}\}$

(3) 巡回数の数列 $\{b_n\}$ と余りの数列 $\{a_n\}$ と連結補正数列 $\{c_n\}$

巡回数の数列 $\{b_n\}$ と余りの数列 $\{a_n\}$ そして連結補正数 $\{c_n\}$ の三者には関連した式が成り立つ。

例．p19 連結比 $r=10$, $q=2(1+1)$

$\{b_n\}$; 0 5 2 6 3 1 5 7 8 9 4 7 3 6 8 4 2 1

$\{a_n\}$; 10 5 12 6 3 11 15 17 18 9 14 7 13 16 8 4 2 1

$\{c_n\}$; 0 1 0 0 1 1 1 1 0 1 0 1 1 0 0 0 0 1

連結比が2の $\{c_n\}$ の1は、余りの奇数項と対応している。$\{a_n\}$ と $\{b_n\}$ の関係は、p19では、それらの差をとることで $(\chi=1)$ 次のように表すことができる。

$\quad 1\{a_n\}=\{b_n\}+10\{c_{n+1}\}$

同じタイプの p29、p59についてもこの式と同じ関係式が成り立っている。

また、9タイプ（p61）では次の式で表される。

$\quad 9\{a_n\}=\{b_n\}+10\{c_{n-1}\}$

p7ではその式は次のようになっている。

$$7\{a_n\}=\{b_n\}+10\{c_{n+1}\}$$

すなわち、総じて巡回数と余りの関係は次のように纏める事ができる。

$$\chi\{a_n\}=\{b_n\}+10\{c_{n-1}\}$$

また、9タイプにはp数の10の位の数に応じて次のような関係もみられる。

p19；　$\{a_n\}-\{c_n\}=(1+1)\{b_{n+1}\}$

p29；　$\{a_n\}-\{c_n\}=(2+1)\{b_{n+1}\}$

p59；　$\{a_n\}-\{c_n\}=(5+1)\{b_{n+1}\}$

　　　　$(1+1)\{b_{n+1}\}=\{b_n\}+\{\beta_n\}-\{\alpha_n\}$

p17では、余り $\{a_n\}$ と連結補正数 $\{c_n\}$ の関係は、次のようなスッキリした形で表される。

$$\{a_n\}-\{c_n\}=6\{f_n\}$$

　　　　$\{f_n\}=2\{\gamma_n\}-\{\beta_n\}$

$\{f_n\}$；　　0, 1, 2, 0, 0, 1, -1, 2, 1, 0, -1, 1, 1, 0, 2, -1

この $\{f_n\}$ は前出の数列で次のような数列の和である。

$\{f_n\}=2\{0,\ 1,\ 1,\ 0,\ 0,\ 1,\ 0,\ 1,\quad 1,\ 0,\ 0,\ 1,\ 1,\ 0,\ 1,\ 0\}$

　　　　$-\{0,\ 1,\ 0,\ 0,\ 0,\ 1,\ 1,\ 0,\quad 1,\ 0,\ 1,\ 1,\ 1,\ 0,\ 0,\ 1\}$

⑷余り $\{a_n\}$ と巡回数 $\{b_n\}$

　p7；　$3\{b_n\}-\{a_n\}=10\{f_n\}$

　　$\{f_n\}=\{0\ \ 1\ \ 0\ \ 1\ \ 0\ \ 1\}+[0\ \ 0\ \ 0\ \ 1\ \ 1\ \ 1]$

　p17；$3\{b_n\}-\{a_n\}=10\{f_n\}$

　　$\{f_n\}=\{-1, 0,\ 1,\ 2,\ 0,\ 0,\ 1, -1, 2,\ 1\ \ 0, -1, 1,\ 1,\ 0,\ 2\}$

　p23；$7\{b_n\}-\{a_n\}=10\{f_n\}$

$$\{f_n\} = \{1 \quad -2 \quad -1 \quad -1 \quad -3 \quad -5 \quad 0 \quad -4 \quad 2 \quad -4 \quad -2$$
$$-5 \quad -2 \quad -3 \quad -3 \quad -1 \quad 1 \quad -4 \quad 0 \quad -6 \quad 0 \quad -2\}$$

総じて、$\{a_n\}$ と $\{b_n\}$ の関係は次のようになる。

$$\chi\{b_n\} - \{a_n\} = 10\{f_n\}$$

b. 巡回数諸数列の連結

　同じ母数の巡回数の諸数列 $\{b_n\}$, $\{a_n\}$, $\{c_n\}$ は、それらの連結をお互いに対応しあって**同じ連結比**と "**補正と付加補正**" によって連結している。

i．まず $\{a_n\}$ の連結を p47 でみてみよう。末項から 1 行おきに 2 倍になっているのがわかる。余りについた p は補正 α である。

　p47　余りの数列の連結

$\{a_n\}$;		10	6	13p	36	31p	28
45p	27p	35p	21p	22	32	38	4
40	24	5p	3p	30	18	39p	14
46	37p	41p	34	11p	16	19p	2
20	12	26	25p	15p	9p	43p	7p
23p	42	44	17p	29p	8	33p	1p
$\{\alpha_n\}$;		0	0	1	0	1	0
1	1	1	1	0	0	0	0
0	0	1	1	0	0	1	0
0	1	1	0	1	0	1	0
0	0	0	1	1	1	1	1
1	0	0	1	1	0	1	1

$\{\alpha_n\}$ は p のところを 1 として表した数列

この関係を式にすると次のようになる。

$$\{a_n\} = 2\{a_{n+16}\} - p\{\alpha_n\}$$

（参考7）行数を変えるとその様子はさらに解り易い。

p47　連結比2，　$\delta = 16(30)$，p 補正，α は太字

$\{a_n\}$；　　　　10　6　**13**　36　**31**　28　**45**　27　**35**　21　22　32　38　4

　　　　40　24　**5**　3　30　18　**39**　14　46　**37**　**41**　34　**11**　16　**19**　2

　　　　20　12　26　**25**　**15**　9　**43**　7　**23**　42　44　**17**　**29**　8　**33**　1

ii．$\{b_n\}$ の連結を p47 でみてみよう。その連結のためには $\{a_n\}$ の連結と同じようにまず $\{\beta_n\}$ による補正が必要になる。だがそれだけでなく、もう一つの付加補正それは $\{a_n\}$ の連結に用いた α が必要になるのである。

$\{b_n\}$；

		0	2	1	2	7	6
5	**9**	5	7	4	4	6	8
0	8	5	**1**	0	6	3	**8**
2	9	**7**	8	7	2	3	4
0	4	2	5	**5**	3	**1**	**9**
1	4	8	9	**3**	6	**1**	7

太字は10の補正 β、赤字は 1 の補正 α である。

$\{\beta_n\}$；

		1	0	0	1	0	1
0	1	1	1	1	0	0	0
0	0	0	1	1	0	0	1
0	0	1	1	0	1	0	1
0	0	0	0	1	1	1	1
1	1	0	0	1	1	0	1

ただし、

$$\{\beta_{n+1}\} = \{\alpha_n\}$$

この α と β の関係は普遍である。こうして連結の式は次のようになる。

$$\{b_n\} = 2\{b_{n+16}\} - 10\{\beta_n\} + \{\alpha_n\}$$

iii. もう一つの数列 $\{c_n\}$ の連結では、p に替わって q(33) 補正がなされ、加えて付加補正も α でなされる。

$\{c_n\}$;							
		4	9	25	**21**	19	**31**
18	**24**	**14**	15	22	26	2	28
16	**3**	**2**	21	12	**27**	9	32
25	**28**	23	7	11	**13**	1	14
8	18	17	**10**	**6**	**30**	4	**16**
29	30	11	**20**	5	**23**	**0**	7

$\{\gamma_n\}$;							
		0	1	0	1	0	1
1	1	1	0	0	0	0	0
0	1	1	0	0	1	0	0
1	1	0	1	0	1	0	0
0	0	1	1	1	1	1	1
0	0	1	1	0	1	1	0

$$\{\gamma_n\} = \{\alpha_{n+1}\}$$

この関係は次のように表される。

$$\{c_n\} = 2\{c_{n+16}\} + q\{\gamma_n\} + \{\alpha_n\}$$

$\{\beta_n\}$ と $\{\gamma_n\}$ は、$\{\alpha_n\}$ に対して反対に同じだけずれた数列同士である。

　このように**"補正とは、補正した項についた固有の数"**と考えられ、余りで言うなら補正された数はその余りのその場における固有の数なのである。

　それぞれの数列で用いられる補正（定数）、補正数、付加補正数の関係は次のようになっている。

　[{a_n}, {b_n}, {c_n} の連結の補正、補正数、付加補正数]

	連結補正（定数）	補正数	付加補正数
{a_n}	p	α_n	
{b_n}	10	$\beta_n(\alpha_{n-1})$	α_n
{c_n}	q	$\beta_n(\alpha_{n-1})$	α_n

　例２．p7の連結　公比２の連結　ディスタンス４　p＝7, q＝5

{b_n}；1(10,1) 4(10,0) 2(0,0) 8(0,0) 5(0,1) 7(10,1)…(β, α)

{a_n}；3p　　　2　　　　6　　　4　　　5p　　1p　　…(α, 0)

{c_n}；1(0,1)　4(0,0)　2(0,0)　3(q,0) 0(q,1) 2(q,1) …(γ, α)

{a_n}, {b_n}, {c_n} には、次の関係がある。

　　$10\{a_n\} = q\{b_n\} - \{b_{n+1}\} + \{c_n\}$

Ⅴ．その他

　巡回数の余りにはまだまだ秘密がある。

a. 奇数番項と偶数番項

⑴奇数番項と偶数番項の違いは決定的なもので、それらは奇偶

が対応しつつ独立にグループをなして存在しているのである。

例１．p17 $\{a_n\}$ の奇数番項列と偶数番項列の順

　　　偶数番項：奇数番項＝１：３

奇数番項；11(2p) 12 10(p) 14(2p) 6 5(2p) 7(p) 3 11(2p)

　　　　　　 ⋮　 ⋮　 ⋮　　⋮　 ⋮　 ⋮　　⋮　 ⋮　 ⋮

偶数番項； **15**　**4**　**9**　　**16**　**2**　**13**　　**8**　**1**　**15**

　　　　　　 12　 10(p)

　　　　　　 ⋮

　　　　　　 4　　 **9**

p17　奇数偶数を公比２で並べる（補正）

　奇．3, 6, 12, 7(p), 14, 11(p), 5(p), 10, 3(p)

　偶．1, 2, 4, 　8, 　16, 15(p), 13(p), 9(p), 1(p),

奇数項の余りと偶数項の余りがそれぞれ連結しながら対応する項同士も３倍ずつに全て揃っているのである。

例２．p19 $\{a_n\}$ の奇数項列と偶数項列　公比４

　　　偶数項：奇数項＝１：２

奇数番項；(2) 10 12 3(p) 15(p) 18 14 13(p) **8** **2**

　　　　　　 ⋮　⋮　⋮　 ⋮　　⋮　 ⋮ ⋮ ⋮　⋮　⋮

偶数番項；(1) **5** **6** 11　 17　 **9** 7 16　**4** **1**

ここでもそれぞれ連結しながら、奇数番項の余りと偶数番項の余りが２：１で全て対をつくっている。

（参考８）この数列ではことに、偶奇のそれぞれの数列が下の計算のように**フィボナッチの数列**を形成しているという際立っ

た特徴がある。

$5+6 = 11,\ 6+11 = 17,\ 17+9 = 26(7+p),\ 9+7 = 16,$

$7+16 = 23(4+p),\ \cdots$

それは逆順で見れば、偶奇循番と関係なくそのままフィボナッチの数列になっていることがわかる。

⑵ 奇数番項と偶数番項の配列

p19　奇数番項に現れた余りの大きい順の列

18 □ □ 15 14 13 12 □ 10 □ □ □ 8 □ □ □ □ 3 2 □

□のところは偶数番項に入る余りである。このように ζ が偶数か奇数かで分かれるが、ζ が奇数のこの p19 の場合は、余りの奇数と偶数が対称的に分けあって奇数番項と偶数番項に入っているのである。

b. 余りの循番・ディスタンス

⑴ 余りの大きさと循番には関係があり、余りの倍数が循番の差、ディスタンスに比例している。

例. p17　余り（A_x）公差2、ディスタンス6

$\{a_n\}$；10 15 14 4 6 9 5 16 7 2 3 13 11 8 12 1

A_x；1 2 4 8 16 …

補正のない上の範囲（赤字）では、余りの大きさは順に次のようになっている。並べかえた余りを大文字で表してある。

$$A_x = 2^{x-1}$$

それらは6ずつ離れて並んでいる。

偶数番項の余りを逆順に連結させると次のようになってい

る。

p17　逆順　公比8　下段は連結補正数である。

$\{a_{p+2-2n}\}$；1(7p)，8，13(3p)，2(6p)，16，9(7p)，4(4p)，15(p)，(1)

補正(p)；　　7　　0　　3　　6　　0　　7　　4　　1　　(7)

このように巡回数余り a_n の並びは非常に単純である。まず、末項1から逆方向にディスタンスδで2が現れ、またそのδあとに4(2*2)が現れ……、と続く。

ディスタンスδが5の3，9，10(27-p)，13(30-p)……でも同じことが起こる。すなわち、末項とディスタンスδにある余りの数との比で、同じδの関係にある余りはつながっているのである。

p19の余りでは、1，2，4，8，16……と末項から16まで一定の比で続いている。このまま公比2で続けば次に32となる。だがそうなっていないのは進法によるもので、その数はp数の巡回数の余りではp進法でpを減じていったものだった。そのことは円環数グラフ（コンパス）が自動的に行っているのである。

循番Nでその様子は容易に理解できる。

$\{a_n\}$；10　5　12　6　3　11　15　17　18　9　14　7　**13**　16　8　4　**2**　1

$\{N\}$；1　2　3　4　5　6　7　8　9　10　11　12　13　14　15　16　17　18

（進法の補正がされているのは青字のダウンのところである）

p17では、連結比が2のときディスタンスが6になる。一般に、xを2の倍数が現れる順番とすれば、それらを式で表すことができる。

$$N = p-1-\delta\,(x-1)$$

補正の必要がない大きさまでは、循番Nのところの余り a_n

は、次のように表すことができる。

$$a_n = 2^{x-1}, \quad x-1 = (p-1-N)/\delta$$

(2) 余りの数列には、さらに法則がある。

　"余りの数列では、特定のペアの項の和と等しい和になるペアをとったとき、先のペアのそれぞれから等しいディスタンスの別のペア2項の和と、後のペアのそれぞれからディスタンスの等しいペアの和は等しい"というものである。

　例. p29

$\{a_n\}$; 10　13　**14**　24　8　22　17　25　18　6　2　20　26　28
　　　　19　16　15　5　21　7　**12**　4　11　23　27　9　3　1

　余りの2項10(a_1)と16(a_{16})を特定し（和は26）、対応する和が等しいペアとして余り22(a_6)と4(a_{22})を選んだとき、それらの次の隣の項13と15の和（28）と対応する項17と11との和が等しくなっている。続いて、14と12のペア項をとっても隣同士の項24と4の和はやはり28になっている。

　それらの関係を記号で表すと次のようになる。

　"特定のnの2項a_n, $a_{n+\delta}$に対して、それらと和が等しいa_{n+x}, a_{n+y}2項を選ぶとき、それぞれからディスタンスの等しいa_{n+1}と$a_{n+\delta+1}$の和とa_{n+x+1}とa_{n+y+1}の和は等しい。

　ここに関係として和としたが、この関係は和に止まらず差でも成り立っている。

c. 巡回数に現れた部分数列の余りの数列

　巡回数に見られる関係（P*−P）は、余りの関係では、余り

の数列，逆順のそれを {a_n}，{$a_{p-n}{}^*$} とすると次のようにな
る。

$$p(\{a_{p-n}{}^*\} - \{a_n\}) = \{a_{p-n}{}^*\}\ulcorner a_{\zeta+n}\lrcorner - \{a_n\}\ulcorner a_{\zeta+1-n}{}^*\lrcorner$$

VI. 円環数

　余りの数列を追究する過程で、自分の胸の中に"どうも巡回
数もこの数列も普通にわたしたちが知る数とは異なるのではな
いだろうか"という疑念のようなものが生まれてきていた。そ
んな感情をもちはじめたのは、巡回数が数であったり数列で
あったりしたときからだが、ことにそれを意識しはじめたの
は、余りの数列を円環状に置いて余りの諸問題を考えることを
思いついたときからだった。

　たしかに巡回数を円環状にすることを、それをダイアル数と
名づけたことからもわかるが、先人はすでに巡回数の巡回から
考えていたのだろう。

　だが、わたしの思いついたのは、余りも巡回しているとは見え
なかった段階で、**"余りを円環状にする"** ことだったのである。

a. 円環数コンパス

　余りの数列を巡回数に対応させて円環状に曲げ、末項を初項
と繋げた数列の円環をつくり、余りは順に1項ずつ等間隔で配
置する。このとき相補の関係の余りの項は、中心に対して向か
い合うかたちになる。

　こうしたことで、まず線状すなわち1次元的に見てきた余り

の項間の関係が２次元的に視覚的に見えはじめたのである。するとそこでは巡回のかたちが容易に見えたのに止まらず諸々の項間の関係までもが見えてきたのである。たしかに、そのときすでに余りのさまざまな関係は、数学的には把握できてはいたが、こうした余りの円環数グラフは、それらをさらに内容的にも容易に理解し概念化させてくれたのである。

　例．p7の連続する余りの２項の和

　［p7　余りの円環数コンパス］

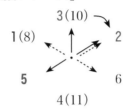

　　　　3＋2＝5
　　　　2＋6＝8

　図の括弧は補正した値。

　その方法とはこうである。図のように中心から２項へ矢（針）を向け、さらにそれら２項の和になる値の項にもう一つの矢（針）を向け、それら３本の矢同士を固定する。

　そして、中心から余りの数字に向けて時計の針のように出したそれらの三つの矢（針）をお互い同士固定したままコンパスを回すように回転移動させる。すると円環数グラフは２項の和が３本目の矢の示す項の値になるのである。

　たとえば具体的に最初の２項３と２をきめ、その数字に向けて２本の矢を固定する。するとその和は５になるから、もう１

本の矢を5に向けてそれら3本の矢同士を固定するのである。

　次にその3本の矢の3に向けていた矢を2に合わせると2に
向いていた矢は6にきて、もう1本の矢は1にくる。その1が
余りでの2と6の和だと言っているのだ。もちろん余りの和の
8は補正されて1になっているからである。同じことを、針を
さらに一つ進めても……。

　　3+2＝5，2+6＝8(1+7)，6+4＝10(3+7)，…

　こんな関係は、連続しない跳びとびのディスタンスの2項の
場合についてもさらにディスタンスを大きくしても成り立つ。

　すなわち円環数グラフは"p一般に、余りの2項の和は、補
正を加えれば、それぞれに固定した関係（ディスタンス）の異
なる項（みかけの項）に現れる"ということを示している。

　この円環数グラフを形状から円環数コンパスと呼んだのであ
る。

b．円環数

　たしかに巡回数は、循環小数の循環節から得られるものであ
る。だからといって、巡回数は循環小数の循環節ではない。巡
回数はあくまでも巡回数なのであって、小数の一部として繰り
返し続く循環節とは異なり独立したものでそれらには大きな断
絶がある。

　巡回数は数列のそんな名前のような特質によって与えられた
数列の名称である。だが、余りにも、さらには連結補正数列に
までもそれと同じ特質があったのである。そこでそれらを総称
する数列の名称が要求されることになる。この数列は、始点も

終点もない一繋ぎのもので、まさしく、どんな数からも離れて数の空間にうかんでいる。それに2進法でも10進法でもまた数字を連なる数ごとにまた離れた一定の関係ごとによむことも可能なもので、なにより大小関係のない数列なのである。

　以後も、現時点の問題と紛れないように、これまでのようにそれを巡回数とか余りの数列という名称はそのまま論ずる。だが、それらはこれらの本質を表している表現だとは思わない。これらの本質を強調するために、わたしは、回ったり戻ったりする意味のダイアル数でなく、数珠のようなつながった意味として円環数という名称の方が相応しいと思う。

　余りは分数を小数にするとき生ずる循環数に付随したものでもある。だが、こうして見ると余りは立派な数列をつくる。

　いまも論じたように、円環数は始点も終点もなく連続している新たな数である。すなわち142857も428571も同じ数なのである。そもそも数と言えるかとも思えるような。この名称を考えていたとき、ふとケクレのことを思い出した。異様な化学式をもったベンゼンが登場した時、彼は夢にとぐろをまいた蛇をみて、その亀の甲構造を思いついたと言っていた。わたしもまず、この数列に"ウーロポリス"という名を思いついた。それは無限大の記号のもとになった"蛇が自分のシッポを呑みこんでいるような様子"を表している語だという。そして次には、その形状の呼び名もcyclicでなくrotaryの方が正しい、いや化学物質ならフラーレンのようなものかもしれないなどと。こうして名を確定することによって、その存在を意識の中にはっきりさせることができたのである。

こんな経過はありながら、そんな時計の文字盤のような巡回数諸数列を、はじめもおわりもなく連続して繋がっているということで、円環数という表現にした。

第三章　エンゼル数列

　ライプニッツ Leibniz が、０と１によって全ての数を表すことができるということを考えついた。わたしも０と１が組み合わさった連結補正数列に出会い、その後もそんな数列にたびたび出会うようになると、巡回数などの数列もそんなかたちの数列からできているのではないかという考えをもつに至った。

　最初に出会ったその連結補正数列というのは p19 の巡回数余りの数列の連結のときできた、０と１だけからなる特異な形をした連結補正数列 $\{c_n\}$ だった。

　p19　巡回数余りの数列とその連結補正数列

$\{a_n\}$;	(1)	10	5	12	6	3	11	15	17	18	9	14
$\{c_n\}$;		0	1	0	0	1	1	1	1	0	1	0

7	13	16	8	4	2	1
1	1	0	0	0	0	1

　この簡明なかたちの数列の登場は驚きであったが、この数列だけで新しい数の世界が開けたわけではなかった。続いて同じような数列が異なる母数の余りの連結補正数列において二度三度と出てくると、そんな数列に一つずつ規則性が見えはじめた。先ず気づいたのは、その数列が現れるのは連結比が２のときだということだった。そして、そんな数列をいろいろ追究し

はじめるとそこに法則性を確信し、それを固有で独自な数列と位置づけることができるようになったのである。

　だが、ここに稿を起こして論ずる連結補正数列の一形態と同じかたちをしているが、循環節が巡回数とは異なるように、決して連結補正数列ではなくもっと抽象化されたものなのである。

　そんな数列の定義を最初は、とりあえず "０と１が並んだ数列" としていた。だが、やがてもう少し厳密な定義の必要性を感じはじめて、"０と１の同数個の項からなり、前後半に２分割したときその相対する項が相補をなして並ぶ数列" と定義しなおすと同時に名称も**エンゼル数列**とした。そうすることによって、この数列も巡回数の仲間に立派に位置をしめることができたのである。

（注１）**エンゼル数**のエンゼルの意味は、単に "天使からのメッセージが込められた数" というような意味あいである。この名は、一般的には特異なとか興味深いとかといった数をさすようだが、この数を最初に見たとき、わたしの心に湧きだした感情はそれを遥かに越えたものだった。

　このエンゼル数列は、余りの数列の項の偶数と奇数にそれぞれ０と１を対応させるといった具体的意味をもったものである。

　このエンゼル数列を含む巡回数諸数列の特徴の巡回性とは、その数列を何倍してもまた位相が異なる数列を加えても、補正をすれば、位相が異なるだけでもとの数列の配列と変わらない数列になることである。

　このことは同じ高さの音やそれと位相の違った音が重なって
も、音の高さは変わらない。そして反対に言えば、音が単純音
の重なりであるという音の特徴にとても似ている。エンゼル数
列もそんな巡回数諸数列をつくっているもとになる数列なので
はないだろうか。

I. エンゼル数

a. エンゼル数の種類

(1) エンゼル数列の中に、その"後半のζ個が全て1の数列"が
　ある。それは同じp数のエンゼル数の中の最小のエンゼル数
　である。

　ゆえに、それを基本の単位として**エンゼル単位 E** と呼ぶこ
とにする。

　例. p7　エンゼル単位 E_n

　　$\{E_n\}$；０ ０ ０ １ １ １

　同じ p 数のエンゼル数 A は、すべてその E の整数倍になり、
次のように表される。

　　A = QE（Q はエンゼル単位数）

　このエンゼル単位によってはじめて、エンゼル数は数として
機能することができるようになるのである。

(2) 交互エンゼル数列 A (alternatory)

　エンゼル数列の中に、エンゼル数列の中で特別の位置を占め
ている０と１が交互に並んだ特殊な形をした数列がある。それ

を交互エンゼル数列と呼び2種類現れるが、それらは数的には
お互い倍数の関係である。

例．p7の交互エンゼル数

$\{j_n\}$；010101，$\{j_n{}^*\}$；101010

この数列には次のような特質がある。

"1と0が交互に現れる交互エンゼル数列の因数には、巡回数の母数pがある"。

例．p19の余りの交互エンゼル数

$\{A_n\}$；0101010101010101010101

　　　（＝**19***531632110579479）

　　　　531632110+579479000＝1111111110

一方の因数にカプレカ数に似た性質が現れる。

b．2進法での単位数列とレピュニット数列

このエンゼル数列は、0と1だけからなるがゆえにその数的
扱いには2進法を考えることが可能になる。なぜなら、巡回数
諸数列を数的に扱うにはその巡回数諸数列のケタ数と同じだ
けの非常に大きなケタ数、p23なら22ケタを扱わねばならない
が、2進法の数と読めば、それよりはるかに少ないケタ数を扱
うだけで済ませられるからである。

例1．p23のE　2進法

　E＝11111111111（＝2047）

pに応じたEは、2進法では次の式で与えられる。

　$E(=\sum 2^{\zeta-1})=2^{\zeta}-1$

⑴ ２進法での単位数列Ｅと母数ｐ

巡回数のエンゼル単位Ｅには、その因数にその母数ｐを含むグループと含まないグループがあるが、含まないグループも補正によって含んだものと同じような形式を得ることが出来る。

［２進法でのＥと母数］

（３と７のグループ）（Ｅの因数に母数ｐを含む）

ｐ	Ｅ		因数（太字はｐ数）
p7	7		(**7***1)
p17	255		(**17***15)
p47	8388607		(**47***178481)
p97	281474976710655		(**97***2901803883615)
p23	2047		(**23***89)

（１と９のグループ）（補正２を必要とする）

ｐ	Ｅ		因数（太字はｐ数）
p19	511	(+2)	(**19***27)
p29	16383	(+2)	(**29***565)
p59	536870911	(+2)	(**59***9099507)
p61	1073741823	(+2)	(**61***17602325)

ζが偶数は補正が正、奇数は負。ｐ数を４で割り余りからも判定可能。

［Ｅ以外の因数の母数との関係］

p17；15+1＝(p−1)、　　p47；78481−1＝3880(p−1)

p23；89−1＝4(p−1)、　p59；536870911−1＝9256395(p−1)

ζの奇・偶の規則で補正をすると、それらは全て（母数マイナス１）の因数をもつ。

⑵ ケタ数がp−1のR（巡回数レピュニット数）には、その因数に巡回数の母数pが含まれる。ただしRは10進法。

エンゼル数とレピュニット数には深い関係がある。まず、偶数ケタのレピュニット数は、そのEと次のような関係式で結ばれている。

$$R = 2^\zeta E + E = (2^\zeta + 1)(2^\zeta - 1)$$
$$= FE \,(F = E + 2)$$

だから、Rにはpがか E のどちらかに含まれているということである。

巡回数と同じ母数のレピュニット数については次のような関係式がある。

$$R_{p-1} = p(X+1)E, \quad F = p(X+1)$$

また、p以外の因数にはカプレカ演算の第2のタスクを適用すると特定の値が現れる。

例1．p7のR

$$R_6 = 7*15873 \Rightarrow 15 + 873 \,(= 8R) \,(= 7*143E)$$

ただし、R = 111

例2．p17のR

$$R_{16} = 17*65359477124183 \qquad (= 17*5882353E)$$

653594 + 77124183 = 77777777

上のRを1ケタ増し、そこから1を減じた数の方が意味をもつ場合もある。

☆ $R_{17} - 1 = 17*653594771241830$

6535947 + 71241830 = 77777777

　例３．p19のR

　　$R_{18} = 19*5847953216374269$　　　（$= \mathbf{19}*52631579E$）

　　$5847953 + 216374269 = \mathbf{222222222}$

　例４．p23のR

　　$R_{22} = 23*48309178743961352657$　（$= \mathbf{23}*4347826087E$）

　　$483091787 + 43961352657 = \mathbf{44444444444}$

　p数が２増すごとにRはほぼ２倍になる。例えば、p数が10大きいp17のRは、p7のRのほぼ2^5倍（32倍）になるのである。

　興味深いのは、巡回素数以外の素数を母数とするレピュニット数についてである。

　例．R_{12}

　　$R_{13-1} = \mathbf{13}*8547008547 = \mathbf{13}*8547*1000001$

　この例のように、因数に母数があることもだが、残った因数の特徴には眼を瞠る。

（参考１）　$111111111^2 = 12345678987654321$

　　$12345678 + 987654321 = 999999999$,

　　　　　　　　　$(987654321 - 1)/(12345678 + 1) = 80$

　レピュニット数には、その因数に母数pがあるが、母数以外の因数は補正するとp-1の因数をもつものが多い。

　［レピュニット数素因数の母数以外の因数］

　　R_6；$143 + 1 = 24(p-1)$,　$24 = 4(p-1)$

　　R_{16}；$5882353 - 1 = 367647(p-1)$,

　　　　$367647 + 1 = 22978(p-1)$,　$118 + 1 = 7p$

　　R_{18}；$5847953 = 307787p$

R_{22}；$43961352657 = 1911363159p$,

$\qquad 1911363159 - 1 = 83102746p$

その除された余りは、中央で分割できて、その和が R の整数倍になるのである。

⑶ ２進法での巡回数レピュニット数 R の Q

巡回数を母数にもつレピュニット数 R は、エンゼル単位の整数倍すなわちエンゼル単位数 Q_0 倍（$R = Q_0E$）である。Q_0 は p 数が２大きくなると２倍になる。

例. R_{16}（p17）

$\qquad R_{16} = 1111111111111111$,

$\qquad$ E ＝ 11111111

３と７のグループではエンゼル単位の因数に母数 p を含むが、１と９のグループでは、その逆に、Q_0 の因数にその母数 p を含む。反対に３と７のグループでは、Q_0 に −2 の補正をした数の因数にその母数 p を含むが１と９グループでは Q_0 の因数にその母数 p を含む。Q_0 と巡回数の素因数との関係を示すと以下の表のようになる。

$\qquad$ [Q_0 と母数] $\qquad\qquad Q_0 = E+2 \qquad$ 母数（太字は p 数）

$\qquad$（３と７のグループ）

p7	9	(−2)	(**7***1)
p17	257（9*32 ＝ **31**+257)	(−2)	(**17***15)
p47	8388609	(−2)	(**47***178481)
p97	281474976710657	(−2)	(**97***2901803883615)
p23	2049	(−2)	(**23***89)

（1と9のグループ）

p19　　513（257*2 ＝ 1+513）　　　　（**19***27）

p29　　16385（513*32 ＝ **31**+16385）　（**29***565）

p59　　536870913　　　　　　　　（**59***9099507）

p61　　1073741825　　　　　　　　（**61***17602325）

　　　　（536870913*2 ＝ 1+1073741825）

（太字の1と31は、他のpの値との関係）

　Q_0の母数でない残りの因数は、補正するとp–1の因数をも
つ。

c. エンゼル素数αとその分割

⑴巡回数には、母数に応じてそれぞれの巡回数の基本になるい
　くつかのエンゼル数が存在する。その一つが偶数には0を奇
　数には1を対応させたエンゼル素数αで、もちろん、それも
　このエンゼル単位数を用いて表すことができる。

　例. p7のエンゼル素数とそのエンゼル単位数（太字）

　　$\{\alpha_n\}$; 100 011 ＝（**901**E）

　［$\{\alpha_n\}$の一覧とそのパターン］

（3と7のグループ）

p7　　　100 011

p17　　01000110 10111001,

p47　　00101011110000001100100　…

p97　　010101010110111001111101111111010000011111010010
　　　　…

（p13）　101110 010001

p23   **0010**1000000 110**10111111**

(p103) 00110011100001100110 …

(p113) 00000**11111001010**1100 …

(1と9のグループ)

p19   **010011110 101100001**

p29   **01000011**000000 10111100111111

p59   010101110100110001111110000110 …

(p109) 01110111100001100101110010 …

p61   010111000000110011010111101100 …

(2) これらエンゼル素数 α も等分割でき、前半後半をそれぞれ
   X, Yとするとそれらの和はEになる。
   　E = X+Y

　分割された数列にはそれぞれ対応する項ごとに 0 と 1 が配分
される。さらに多く等分割されたときには次のようにペアごと
に和が一定になる。下段の括弧は 2 進法。

　例 1．p17　 4 等分、2 進法
　0100　 0110　 1011　 1001
　 (4)　　 (6)　　(11)　　 (9),　　　　　　4+11 = 15,　6+9 = 15
　例 2．p19　 3 等分
　010011　110101　100001
　 (19)　　 (53)　　 (33)
　例 3．p29　 4 等分
　0100001　1000000　1011110　0111111
　 (33)　　　 (64)　　　 (94)　　　 (63),　　　 33+94 = 64+63 = 127

116

例４．p61　６等分

0101110000　0011001101　0111101100　1010001111
　（368）　　　（205）　　　（492）　　　（655）

1100110010　1000010011
　（818）　　　（531）

$$368+655 = 205+818 = 492+531 = 1023$$

⑶ ０と１が、三つずつ部分数列の項の順ごとにも等配分されて
いる。

例．p61　α の３分割

0 1 0 1 1 1 0 0 0 0　0 0 1 1 0 0 1 1 0 1

0 1 1 1 1 0 1 1 0 0　1 0 1 0 0 0 1 1 1 1

1 1 0 0 1 1 0 0 1 0　1 0 0 0 0 1 0 0 1 1

⑷ レピュニット数の因数にみられたように分割した数の総和
は同じ数の並んだ数になる。

例１．p29の α（＝01000011000000 10111100111111）の４分
割

0100001＋1000000＋1011110＋0111111 ＝ 2222222

例２．p29の α（＝01000011000000 10111100111111）の７分
割

0100＋0011＋0000＋0010＋1111＋0011＋1111 ＝ 2354，

$$23+54 ＝ 77$$

⑸ エンゼル数列も前半後半の分割は可能で、その前半後半をそ

れぞれX, Yとすると、まずそれらに相補の関係があり、その式から次のαが導き出される。10進法。

$$\alpha = (9X+1)E$$

例．pl7のエンゼル素数

$$\begin{matrix} & X & & Y \\ \alpha = 0 & 1\ 0\ 0\ 0\ 1\ 1\ 0 & & 1\ 0\ 1\ 1\ 1\ 0\ 0\ 1 \end{matrix}$$

$(=(9*1000110+1)*11111111)$

2進法では、次のようにさらに簡略化される。

$$\alpha = (X+1)E$$

例．pl7　2進法のα（X＝70, E＝255）

$$\alpha = (70+1)*255(=18105)$$

⑹ エンゼル数の数的特徴

pl7

$$\alpha = 0\ 1\ 0\ 0\ 0\ \mathbf{1}\ \mathbf{1}\ 0\ \mathbf{1}\ 0\ \mathbf{1}\ 1\ 1\ 0\ 0\ 1$$

ⅰ．エンゼル数には、pl7のαに見られるように1が一部分欠けたζ個密に並んだ箇所（太字）がある。それをそこに0を1で埋め全て1が並んだEが順回したものと考える。すると、それは2進法でm（＝3）左に順回したものと考えられEの2^m倍である。

ⅱ．次にαでは1の間の0が丁度ζだけ移動していると考え、数としては抜けた分を減じて移動した分を加えればいいことになる。"E"の中で抜けた位置がその"E"の末項からd, eな

ら、得られる α は次のようになる。ただし、移動した位置がこの数列を越えて反対側に来る時は、その分を補正する。

$$\alpha = 2^m(1+2^d+2^e)E$$

d. 配列の秘密

p17の α の 0 と 1 の並び方も決してランダムなそれではなく、極めて単純なものである。

$\{\alpha_n\}$；0 1 0 0 0 1 1 0 1 0 1 1 1 0 0 1

p17の α の配列は、まず末尾の1から始まって"**逆順に五つ目ごとに**"1（太字）が並んでいるのが見られる。そして最後に始めの0に戻るが、そこからまた五つ目ごとに1（赤字）が続いている。さらにまた五つ目ごとに1（青字）が続き初項と相補になる位置の0のところになる。振り返れば五つ目ごとに全ての1を踏んできていたことになるのである。

このとき α の1と対応するところの余りは補正すれば1, 3, 9 (10) と3倍ごとになっている。勿論、円環数コンパスは、それらのことをはっきりと目に見えるように教えてくれているのである。

また、それはこの数列の母数17の二進法10001の重なりとも読める。

II．準相補

補正数の根源はいったいどこにあるのだろうか。その疑念こそわが研究の出発点だった。そしてゆきついた答えの一つが準相補という関係だったのである。

（注2）準相補というのは、名のとおり相補の助けというような意味の関係である。だから名の通り必ず、相補関係の数または数列間においてのみ成り立つ関係なのである。相補のように固定的でなく、巡回数においては見えにくかったこの準相補は、余りにおいて相補と対になってはっきり姿を見せた"関係"だったのである。

a. 準相補の式

巡回数のエンゼル数には部分数列間に準相補の関係がある。その部分数列間の関係とは次のようなものである。

$$m+n = p, \quad n(X+Q) = m(Y-Q)$$

いうまでもなく一方は相補の関係である。

このQは、数列の結合でいつも現れる補正数である。そしてもう一方の式を変形すると次の**準相補の式**が得られるのである。$m+n = p$ よりそれは次のようになる。

$$mY-nX = pQ$$

$X+Y = E$ より、この式を変形するとX, Yについて次の式を得る。

$$p(X+Q) = nE, \quad p(Y-Q) = mE$$

さらに、それらから $Y-X$ を計算すると次の式になる。

$$Y-X = \{2pQ+(m-n)E\}/p$$

mは奇数、nは偶数でp相補の関係にある整数である。ただし巡回数のタイプによって9タイプにはXに、1タイプにはYに2の付加補正をする。こうして一定値が与えられた $Y-X$ の関係こそが準相補の関係なのである。

　こうして、相補関係の式に対して準相補の関係式が決まり、そのことから補正数 Q の意味も明らかになる。すなわち、X, Y は相補であるだけでなく、X, Y は補正によって準相補的に比例配分され、Q もこの関係から生じていたのである。

b. E とαとその X, Y の準相補

　上に見た準相補の関係。

　［X, Y の 2 進法表記の一覧と準相補］

　（3 と 7 のグループ）

	α	エンゼル単位数	(X, Y)
p7	35	5E,	(4, 3)
p17	18105	71E,	(70, 185)

$$12(X+5)=5(Y-5)$$

p23	657087	321E	(320, 1727)

$$19(X+36)=4(Y-36)$$

p47	12026754244507	1433701E	(1433700, 6954907)

$$39(X-Q)=8(Y+Q), \quad Q=5852$$

p97		93933048498131E	

(93933048498130, 187541928212525)

$$65(X-Q)=32(Y+Q), \quad Q=1075324222450$$

（1 と 9 のグループ）（補正あり）

p19	81249	159E	(158, 353)

$$13(X+2+2)=6(Y-2)$$

p29	70266687	4289E	(4288, 12095)

$$21(X+2+230)=8(Y-230)$$

p59 183078855E

(183078854, 353792057)

$$39(X+2+Q) = 20(Y-Q), \quad Q = 1088716$$

p61 386086381E

(386086380, 687655443)

$$39(X+Q) = 22(Y+2-Q), \quad Q = 1164770$$

これらエンゼル素数には、それらの母数が因数として含まれる。ただし、1,9グループにおいては、9タイプではXに1タイプにはYに補正2がなされている。

(1) エンゼル素数の素因数には、和がpの偶数倍になるペアがある。

[素因数と素因数のペア]

(3と7のグループ)

p7;	**3***17*37***53**	3+53 = 8p
p17;	11***29*****73***101*137*310379	29+73 = 6p
p23;	(**21649*****513239**…)	21649+513239 = 23256p
p47;	(**137***…**4093**…)	137+4093 = 90p
p97;	… 1704045082919+73 = 165292373050224p	

(1と9のグループ)

p19;	**3***7*53***73**	3+73 = 4p
p29;	**3***43*127***4289**	3+4289 = 148p
p59;	**3**^{2}*5***233***1103*…	3+233 = 4p
p61;	**3**^{2}*7***11***31***41***151*331***9416741**	**3**^{2}+11+**41** = p

(31+151+1 = 3p, 9416741+11+1 = 154373p)

　p61 だけは何かの不都合な要因があるのか異なっている。こ
とにエンゼル数では因数に **3** があれば、p–p 規則のペアの一方
はその **3** 。

⑵ X, Y と p

　さらに、X，Y に以下のように補正を加えると、それらが全
て p の倍数になる。その補正は前述のものと同様であるが、巡
回数に応じて、X と Y には、ζ の偶数と奇数が対応したもう
一つの補正がされるのである。

　　［X，Y の補正による p の整数倍関係］

	(X，Y)	X	Y
p7 ;	(4, 3)	4+3 = p,	3–3 = 0
p17 ;	(70, 185)	70–2 = 4p,	185+2 = 11p
p19 ;	(158, 353)	158–6 = 8p,	353+2+6 = 19p
p23 ;	(320, 1727)	320+2 = **14p**,	1727–2 = **75p**
p29 ;	(4288, 12095)	4288+4 = 148p,	12095+2–4 = 417p

　p47 ;　(1433700, 6954907)

$$1433700-12 = 30504p,$$

$$6954907+12 = 147977p$$

　p59 ;　(183078854, 353792057)

$$183078854-25 = 3103031p,$$

$$353792057+2+25 = 5996476p$$

　p61 ;　(386086380, 687655443)

$$386086380+2+3 = 6329285p,$$

$$687655443-3 = 11273040p$$

p97；(93933048498130, 187541928212525)

$$X+30 = 968381943280p,$$

$$Y-30 = 1933421940335p$$

まとめ

エンゼル素数の特徴。

i．タイプに応じ、2進法ではEの末尾の数が、p7，p47
では7、p17，p97では55、p19，p59では11である。同
一タイプにおいてはp数の40ごとに同じパターンの数
が現れている。

ii．タイプ3及びタイプ7のグループのEには、因数に
それらの母数が含まれ、タイプ1及びタイプ9のグルー
プのEには2を補正すると因数（赤字）にそれらの母
数が含まれる。

iii．それらの数列には、その数列固有のパターンがみられる。

iv．タイプによる補正を加えれば、全てのpの数列のX
とYの間に準相補の関係が成立する。

III. エンゼル諸数列

エンゼル数列には基本数列があり、それらには大小エンゼル
数列とアップダウン数列そして交互エンゼル数列がある。

巡回数諸数列はそのまま数も表しているが、それを構成して
いる項は項として独立してもいる。巡回数などの項の独立して
いる様子は、項と項の間の関係に表れるその関係を表すのが項

間のディスタンス（項数）δである。

a. αエンゼル数列

巡回数とαエンゼル数を扱うとき、余りの連結比を２にしているので、末項の１から最初に２が現れるまでの距離（循番）をことにディスタンスと呼ぶ。pと連結比２のδの関係は次のようになっている。

　　［pとδ］　括弧は逆順のディスタンス。

p	7	17	**19**	23	**29**	47
δ	2(4)	10(6)	17(1)	8(14)	11(17)	30(16)

	59	**61**	97
	25(33)	47(13)	86(10)

　７と３のグループのディスタンスは偶数、**9**と**1**のグループは奇数。

b. 大小エンゼル数列

　大小エンゼル数列とは相補の余りを比較して大には１を小には０を対応させた数列である。大小エンゼル数列と偶奇エンゼルαとは、配列は同じで余りの数列を２倍したときと同じ位相の差がある。

　　［大小エンゼル数列］

p	7	17	19	23	29	47
大小	$\{\alpha_{n+1}\}$	$\{\alpha_{n+14}\}$	$\{\alpha_{n+10}\}$	$\{\alpha_{n+3}\}$	$\{\alpha_{n+3}\}$	$\{\alpha_{n+39}\}$

p	59	61	97
大小	$\{\alpha_{n+4}\}$	$\{\alpha_{n+13}\}$	$\{\alpha_{n+58}\}$

c. アップダウンエンゼル数列

　基本的なエンゼル数列には、他にもアップダウン数列がある。

　余りの項の値が前項より後項の方が大きければ大、小さければ小として大には1を小には0を対応させる。そうした数を連続させてつくったのがアップダウン数列である。

　［UDエンゼル数列］

UDエンゼル数列	2進法	(X, Y)
p7 ; 010101	3E	(2, 5)
p17 ; 10011010 01100101	155E	(154, 101)
p47 ; 01001101010001011101010		
10110010101110100010101		(2532074, 5856533)

p97 ; 01010100101010101011001110101110111101010101110
　　　10101011010101010101001100010100010001010101010001

　　　　　　　　　(93092022303406, 188382954407249)

p23 ; 01110101010 10001010101	939E	(938, 1109)
p19 ; 010011110 101100001	159E	(158, 353)

p29 ; 11101010001110 00010101110001

　　　　　　　　　　14991E　　　　(14990, 1393)

p59 ; 00010101011001011000011110010
　　　11101010100110100111100001101

　　　　　　　　　　　(44871922, 491998989)

p61 ; 00101011010011010101010001110
　　　11010100101100101010010101110001

　　　　　　　　　　　(181622414, 892119409)

偶奇エンゼルとは逆に、ここでは9タイプの補正2はYに、1タイプの補正2はXにされる。

X，Yの補正によるpの整数倍関係はここでも成立している。

［アップダウン数列と準相補］

p17　　　　　　$6(154+11) = 11(101-11)$

p47　　　　$32(2532074+Q) = 15(5856533-Q)$,
　　　　　　　　　　　　　$Q = 145141$

p97　$65(93092022303406-Q) = 32(188382954407249+Q)$
　　　　　　　　　　　　　$Q = 234298027726$

p23　　　　　$12(938+41) = 11(1109-41)$

p19　　　　　$13(158+4) = 6(353+2-4)$

p29　　　　　$3(14990+300) = 26(1393+2-300)$

p59　　　$54(44871922+Q) = 5(491998989+2-Q)$,
　　　　　　　　　　　　　$Q = 625613$

p61　$51(181622414+2-Q) = 10(892119409+Q)$,
　　　　　　　　　　　　　$Q = 5599166$

Ⅳ．巡回数諸数列とエンゼル数列の諸関係

巡回数列、連結補正数列、余りの数列の中では、余りの数列にそれらの連結の本質がもっとも端的に表れる。それは余りだけが連結比ともう一つ連結補正数だけによって決められていることによる。

a. p7におけるエンゼル数

　その余りの連結比を2としたときに連結補正として現れる数列が巡回エンゼル素数 α で、それは余りの奇偶数列でもある。これら巡回数、余り、連結補正数の数列の全ての数の現れ方を支配しているのが α なのである。巡回数で言うなら、巡回数は（ α と一つずれた） β で補正された項とさらに付加的に α で補正された項が連結しているのである。

$$\{\beta_{n+1}\} = \{\alpha_n\}$$

（注3） α は余りの連結比2の連結補正、 β は巡回数の連結で現れた10位の連結補正である。

　p7の巡回数、余り、連結補正数をエンゼル数の和として計算したのが下の表である。

　例．p7の巡回数と余りを構成するエンゼル数　E＝111

巡回数		余り		連結補正数	
$\{b_n\}$; 1 4 2 8 5 7		$\{a_n\}$; **3** 2 6 4 **5 1**		$\{c_n\}$; 1 4 2 3 0 2	
×4	0 0 0 1 1 1	×3	0 0 1 1 1 0	×1	**1 1 1** 0 0 0
×2	0 1 1 1 0 0	×2	**1 1 1** 0 0 0	×1	0 1 1 1 0 0
×1	1 0 0 0 1 1	×1	0 0 0 1 1 1	×2	**0 1 0 1 0 1**
×2	**0 1 0 1 0 1**	×1	1 0 1 0 1 0		

　こうして見るとまさしく "巡回数も余りもエンゼル数の和としても成り立っている"。それよりも、こうして巡回数と余りと連結補正数を構成しているエンゼル数を明らかにするとそれらがいかに対立的なものとしてつくられているかがわかる。お互いに共通の因子を一つずつ持ち合いながらそれぞれエンゼル数の組み合わせが全く別になっているのである！

これらから得られることを纏めると次のようになる。

　i．余りはその p 数と同じ数のエンゼル数から成り立っている。

　ii．エンゼル数の和はそれぞれの数に等しい。

　iii．巡回数のエンゼル数は余りのエンゼル数から一つずつ遅れて現れる。

　iv．それらのエンゼル数のタイプは決まっているので、係数を未知数としてそれらを数値として表し、数式化ができる。

　例．p7 の余り

　　$\{a_n\} = 3i_2 + 2i_8 + i_1 + i_6$ より、

　　$2941E = 3*10E + 2*10^3E + E + 910E$

b．巡回数諸数列とエンゼル数

　巡回数の諸数列は、基本エンゼル数列の順回したものの和でできている。そのことは、それらがエンゼル数の和ζの整数倍（巡回数では9倍、余りでは p 倍）になっていることからも読みとれる。

　例．巡回数の和　p7；27（＝3*9），p17；72（＝8*9）

⑴余りの数列

　余りの数列 $\{a_n\}$ は、エンゼル素数の順回した列数 p の和からできている。だが p17 ではこのことは以下のように非常に複雑である。

例．p17　余りのエンゼル数列

{a_n} ;	10	15	14	4	6	9	5	16	7	2	3	13	11	8	12	1
$\{\alpha_{n+6}\} \times 8$	1	1	1	0	0	1	0	1	0	0	0	1	1	0	1	0
$\{\alpha_{n+12}\} \times 4$	0	1	1	0	1	0	1	1	1	0	0	1	0	1	0	0
$\{\alpha_{n+2}\} \times 2$	0	1	0	1	0	0	0	1	1	0	1	0	1	1	1	0
$\{\alpha_{n+8}\} \times 2$	1	0	1	1	1	0	0	1	0	1	0	0	0	1	1	0
$\{\alpha_n\}$	0	1	0	0	0	1	1	0	1	0	1	1	1	0	0	1

　上のエンゼル数列を纏めるとディスタンスが6ずつ離れた式の和として次のようになる。

$$\{a_n\} = 8\{\alpha_{n+6}\} + 4\{\alpha_{n+12}\} + 2\{\alpha_{n+2}\} + 2\{\alpha_{n+8}\} + \{\alpha_n\}$$
$$= \{R\} + 4(2\{\alpha_{n+6}\} + \{\alpha_{n+12}\}) + 2\{\alpha_{n+2}\} + \{\alpha_{n+8}\}$$
$$(\{\alpha_n\} + \{\alpha_{n+\zeta}\} = \{R\})$$

　αはその数列のエンゼル単位をE、その大きさをエンゼル単位数Qとすると、$\alpha = QE$より一般にQは次のような簡単な形式で表される。

$$Q = 9(X+1) + 1$$

　上のように、"巡回数は異なる位相のαエンゼル数の集まりだが、もとの偶奇の配列は変わらない"ということがわかる。

⑵ 巡回数の数列とエンゼル数列

　巡回数の数列も9つの位相の異なるエンゼル数列の和で成り立っている。

　p17　巡回数の9つのエンゼル数列

　　×5　 0 1 1 1 0 0 1 0 1 0 0 0 1 1 0 1　$\{\alpha_{n+7}\}$

　　×2　 0 0 1 1 0 1 0 1 1 1 0 0 1 0 1 0　$\{\alpha_{n+13}\}$

```
×1    0 0 1 0 1 0 0 0 1 1 0 1 0 1 1 1  {α_{n+19}}
×1    0 0 0 1 1 1 0 0 1 1 1 0 0 0 1 1  {β_{n+9}}
{b_n};  0 5 8 8 2 3 5 2 9 4 1 1 7 6 4 7
```

　構成するエンゼル数の位相の差がどれも6ずつで他が現れないというのは6というのが余りの公比2のディスタンスであるから意味のあることに思える。

c. 階差数列とエンゼル数列

(1) 隣り合う余りの数列の項ごとに差をとってゆくとそこにも数列が現れる。

　　例. p17　余りの階差数列　アップ（赤）　ダウン（青）

```
{a_n};  10  15  14   4   6   9   5  16   7   2   3  13  11
{δ_n};   5  −1 −10   2   3  −4  11  −9  −5   1  10  −2  −3
```

```
         8  12   1
         4 −11   9
```

　余りの項を順に差をとったとき、次の項の方が大きいときは正、小さいときは負になる。そこで正の値のときをアップ、反対に負の値のときをダウンと呼ぶことにする。

　すると現れたアップの数列は、もとの余りの数列 $\{a_n\}$ と位相が6ずれた $\{a_{n+6}\}$ に現れる。また、ダウン（負の値）にはpを加えて補正してアップの数列につなげれば全体の配列はもとの余りの数列と完全に一致する。しかもダウン数列の補正する位置はγ数列の1のところに相当する。

　こうして階差数列は、次のように簡素化される。

$\{\delta_n\}=\{a_{n+6}\}-p\{\gamma_n\}$

$\{\gamma_n\}$；0 1 1 0 0 1 0 1　1 0 0 1 1 0 1 0

付け加えれば、それらアップの余りの値は1, 2, 3, 4, 5 と 9, 10, 11、ダウンの値は6, 7, 8 と 12, 13, 14, 15, 16である。

（参考2）p19のアップの余りの値は1, 2, 3, 4, 5, 6, 7, 8, 9で、大小エンゼルと一致する。

このように偶奇配列や大小配列といったアップダウン配列も余りの数列の中に音楽のリズムのように存在するのである。

⑵ エンゼル数列の階差数列 $\{\delta_n\}$ は0と1と-1からなっている。だがそれらは二つのエンゼル数列の差と考えることが出来る。

$\{\delta_n\}=\{U_n\}-\{D_n\}$

例. p17

$\{\alpha_n\}$；1　0　0　1　1　0　1　0　0　1　1　0　0　1　0　1

$\{\delta_n\}$；-1　0　1　0　-1　1　-1　0　1　0　-1　0　1　-1　1　0

アップ数列を $\{U_n\}$、ダウン数列を $\{D_n\}$ とするとそれらは次のように表される。

$\{U_n\}$；0　0　1　1　0　1　0　0　1　1　0　0　1　0　1　1

$\{D_n\}$；1　0　1　0　1　0　1　0　0　1　1　1　0　1　0　1

ここでマトリクスを数として計算するために新しい数列 $\{f_n\}$ を次のようにする。

$\{f_n\}=\{U_n\}-\{D_n\}$

すると $|f_n|$ は、$X=10011110$ とすると次のようになる。

$|f_n|=9\cdot90099991E=9(9X+1)E=9\alpha$

⑶ エンゼル数の階差数列にみられる関係

　余りの階差数列 δ_n は、正のアップ数列 U と負のダウン数列 D の和から成り立っているとも考えることができる。

p17

$\{\gamma_n\}$; 1　0　0　1　1　0　1　0　0　1　1　0　0　1　0　1

$\{U_n\}$; **5　0　0　2　3　0　11** 0　0　1　1　0　0　0　4　0　9

　　　　 0　1　1　0　0　1　0　1　1　0　0　1　1　0　1　0

$\{D_n\}$; 0　1　11　0　0　0　4　0　9　5　0　0　0　2　3　0　11　0

　配列は $\{a_n\}$ の α 数列と対応したところに現れる。アップ数列の前半を X、後半を Y とするとこの δ_n は次のように表すことができる。

$$\{f_n\} = \{X,\ Y\} - \{Y,\ X\}$$
$$= \{\delta_n\} - \{\delta_{n+\zeta}\}$$

　それに、相補の対応するペアごとで比較し大きい方と小さい方をそれぞれ 1 と 0 に対応させて数列をつくることができる。それを大小配列と呼べば、それらは位相はずれるがその配列順は α と同じで、"**偶奇と大小は、位相は違うが同じ配列である**"。そして、その位置関係は p 補正によって 2：1 になるところで、式で表すと既述の式と一致する。

$$\{a_n\} + p\{\alpha_n\} = 2\{a_{n+\delta}\}$$

　例．p17　大小（太字が大、大を 1 小を 0 に対応）網掛けは α 数列の前半。

$\{a_n\}$;　10 **15　14** 4　6 **9** 5 **16** 7　2　3 **13　11** 8 **12** 1

$\{大小\}$;1　1　1　0　0　1　0　0　1　0　0　0　1　1　0　1　0

このようにそれらは位相（ここでは $\delta = 6$）がずれて偶奇数

列（網掛けの前半）と同じ配列になっている。巡回数での偶奇数列と大小数列のディスタンスは、余りの末項から2のところまでのディスタンスである。

　ディスタンスは順方向からとったものと逆方向からとったものの和が（p–1）になっている。

　"余りも巡回数も特定のエンゼル数の和からできている"。そしてそのエンゼル数はαを基本と考えるべきである。

Ⅴ．エンゼル数の順回とその連結

a. p7のエンゼル数

　p7（6ケタ）のエンゼル数は1が連続した（succession）ものの順回と1と0が交互（alternary）のものの次の8通りである。括弧は2進法（E＝7）。

①	0	0	0	1	1	1	E（＝3*37）	(E)
②	0	0	1	1	1	0	10E	(2E)
③	0	1	1	1	0	0	10^2E	(4E)
④	1	1	1	0	0	0	10^3E	(8E)
⑤	1	1	0	0	0	1	901E	(7E)
⑥	1	0	0	0	1	1	991E	(5E)
⑦	0	1	0	1	0	1	7*13E	(3E)
⑧	1	0	1	0	1	0	7*13*10E	(6E)

　交互の⑦をAとして⑧をA*とすると次の関係がある。Rはレピュニット数である。

　　$2A = A^*$,　$A+A^* = 3A = R$

これら①から⑥はR（＝63）で補正すれば、以下のように初項を7（＝111）として2倍の関係で整然と連結している。

①7(2*35−63)，　②14，　　　　③28，　　　　④56，

⑤49(2*56−63)，　⑥35(2*49−63)，　⑦21(2*42−63)，　⑧42，

太字の箇所で補正。補正した箇所を1、しないところを0として上の①から⑥を数列化すると次のようにエンゼル素数αと同じ数列になる。補正箇所を m_n とする。

$\{m_n\}$；1 0 0 0 1 1

すなわち数としてのエンゼル数列をAで表すと、Aは次のように余りの数列の項が連結するのと同じ形で連結しているのである。

$\{A_{n+1}\} = 2\{A_n\} - 7\{\alpha_n\}$

エンゼル数の順回　④以下同様

①0 0 0 1 1 1　　　E(＝3*37)　　(E)

②0 0 1 1 1 0　　　10E　　　　(2E)

　(0 0 1 1 1 0+0 0 0 1 1 1)

③0 1 0 1 0 1　　　**7*13**E　　　(3E)

④0 1 1 1 0 0　　　10^2E　　　(4E)

⑤1 0 0 0 1 1　　　991E　　　(5E)

　(0 1 1 1 0 0+0 0 0 1 1 1)

⑥1 0 1 0 1 0　　　**7*13*10**E　(6E)

⑦1 1 0 0 0 1　　　**901**E　　　(7E)

⑧1 1 1 0 0 0　　　10^3E　　　(8E)

③と⑥が入って数値的にも整然とした関係になっている。

b. エンゼル数の順回

$\{\alpha_n\}$ の前半を X、後半を Y とすると α_n の大きさは X のみで表される。

$$|\alpha_n| = (X+1)E$$

この $|\alpha_n|$ は、エンゼル数 α の順回にしたがって数的にも順回している。

例．p17の順回　エンゼル単位 E＝255　　　　　A_m

$\{\alpha_n\}$; **0 1 0 0 0 1 1 0** 1 0 1 1 1 0 0 1　18105(**71E**)

$\{\alpha_{n-1}\}$; **1 0 0 0 1 1 0 1** 0 1 1 1 0 0 1 0　36210(**142E**)

$\{\alpha_{n-2}\}$; **0 0 0 1 1 0 1 0** 1 1 1 0 0 1 0 1　6885(**27E**)

$\{\alpha_{n-3}\}$; **0 0 1 1 0 1 0 1** 1 1 0 0 1 0 1 0　13770(**54E**)

$\{\alpha_{n-4}\}$; **0 1 1 0 1 0 1 1** 1 0 0 1 0 1 0 0　27540(**108E**)

$\{\alpha_{n-5}\}$; **1 1 0 1 0 1 1 1** 0 0 1 0 1 0 0 0　55080(**216E**)

$\{\alpha_{n-6}\}$; **1 0 1 0 1 1 1 0** 0 1 0 1 0 0 0 1　44625(**175E**)

$\{\alpha_{n-7}\}$; **0 1 0 1 1 1 0 0** 1 0 1 0 0 0 1 1　23715(**93E**)

$\{\alpha_{n-8}\}$; **1 0 1 1 1 0 0 1 0 1 0 0 0 1 1 0**　47430(**186E**)

以下は同じ関係

$\{\alpha_{n-9}\}$; **115E**,　　$\{\alpha_{n-10}\}$; **230E**,　　$\{\alpha_{n-11}\}$; **203E**

$\{\alpha_{n-12}\}$; **149E**,　　$\{\alpha_{n-13}\}$; **41E**,　　$\{\alpha_{n-14}\}$; **82E**

$\{\alpha_{n-15}\}$; **164E**

全体数は一つ順回が進むごとに２倍になる。だがそれがRを越えると補正してR以内の数になる。R＝(E+2)E

1.	71	2.	142	3.	27	4,	54	5.	108
6.	216	7.	175	8.	93	9.	186	10.	115
11.	230	12.	203	13.	149	14.	41	15.	82

16．164

太字番号の箇所は、補正箇所を1で表し、この順番を数列化すると {α_{n-1}} と同じ配列になる。

　{m_n}；1 0 1 0 0 0 1 1 0 1 0 1 1 1 0 0

このように"順回する数列も数的に連結している"のである。それらの値を A_m とすると、それは前述と同じ次のように表される。m は上の番号。

　{A_m}＝2{A_{m-1}}－R{α_m}

c．αエンゼル数列 {α_n} と基本エンゼル数列

(1) エンゼル数列を分割すると、その前半と後半の関係にも巡回数にあるような準相補の関係がみられる。

　例．p17　2進法

　　α の前半　70(4p+2)，α の後半　185(11p−2)

　12(70+5)＝**5**（185−5）

このようにエンゼル数列にも前半と後半に相補だけでなく、準相補の関係がある。

　また巡回数列では、数列の前後半も補正によって比例の関係で繋がれている。

　例１．p17　巡回数列における内的な前後半関係　**赤字は補正。**

　　16{5882352(X)+**1**}＝{94117647(Y)+**1**}

エンゼル数列においてもこれと同じような関係が見られる。

　例２．p17　エンゼル数列における内的な関係　**赤字は補正**

　　01000110(X)+**Q**＝01010101,

$$10111001\,(\text{Y})-\text{Q}=10101010$$
$$\text{Q}=9991\,(=10^4-10+1)$$

⑵ 巡回諸数列の構成にはpに応じていくつかの決まったエン
　ゼル数列が対応している。

　p17の場合、エンゼル数は、以下の三つの基本数列とそれら
の順回した数列からなっている。

p17の三つの基本エンゼル数列

$\{\alpha_n\}$；0 1 0 0 0 1 1 0 　1 0 1 1 1 0 0 1 … 71E　71

　　　12(70+5)＝5(185－5)

$\{\beta_n\}$；0 1 1 0 0 1 1 0 　1 0 0 1 1 0 0 1 … 103E　71+32

　　　10(102+3)＝7(153－3)

$\{\gamma_n\}$；1 1 0 0 0 1 1 0 　0 0 1 1 1 0 0 1 … 199E　71+4*32

　　　3(198+12)＝14(57－12)

　　　199－x＝3(71－x)＝2(103－x)，　　x＝7(＝111)，32＝2^5

　α は、偶奇エンゼル数列、γ は階差数列に現れたアップダウ
ン数列である。さらにもう一つの数列 β は、余りの数列を2：
3で連結したとき現れる数列である。これらが様々な組み合わ
せで様々な数列をつくっているのである。

　ただし、ここに用いた β は巡回数の連結補正に用いた β とは
異なるものである。

　（注４）アップダウン数列では、余りのアップの項の総和とダ
ウンの項の総和は、余りの総和に等しい。

d. 巡回数諸数列と連結補正数

巡回数諸数列間にはエンゼル数を介してそれぞれに様々な関係が成り立っている。

$$\{a_n\} - 3\{b_n\} = 10\{\alpha_{n+1}\} - 20\{\beta_{n+7}\}$$

⑴ $\{a_n\}$ と $\{b_n\}$ には上のように対応の関係以上の数的な関係がある。

例．p17

$\{a_n\}$;	10	15	14	4	6	9	5	16	7	2	3
$\{b_n\}$;	0	5	8	8	2	3	5	2	9	4	1
左辺;	10	0	−10	−20	0	0	−10	10	−20	−10	0

13	11	8	12	1
1	7	6	4	7
10	−10	−10	0	−20

⑵ 余りの数列もまた巡回数に対応して巡回する。

巡回数列の循環とともにそれらの余りの列も補正を伴って循環しているのである。ただし、乗じ方は2倍、3倍……はそのまま乗ずるのでなく、3倍は2倍（補正）に元の数列を加えるというように補正した前の数列に加えるという方法による。

例．p17

$\{a_n\}$;	10	15	14	4	6	9	5	16	7	2	3	13	11	8	12	1
×2;	3	13	11	8	12	1	10	15	14	4	6	9	5	16	7	2
補正(p)	1	1	1	0	0	1	0	1	0	0	0	1	1	0	1	0

補正する数列はエンゼル数列の p 倍である。すると余りの数列が末尾の項の 1 から順に整然と現れているのがわかる。式で表すと次のようになる。

$$2\{a_n\} = \{a_{n+6}\} + p\{\alpha_{n+6}\}$$
$$3\{a_n\} = \{a_{n+6}\} + \{a_n\} + p\{\alpha_{n+6}\}$$
$$= \{a_{n+1}\} + p\{\alpha_{n+6}\} + p\{\gamma_{n+12}\}$$

…

みかけの余りは巡回数の巡回に対応して巡回して現れ、補正についても、続いて次のように現れる。

α_{n+6}, γ_{n+12}, β_{n+10}, β_{n+2}, γ_{n+15}, β_{n+15}, γ_{n+12}, α_{n+8}, γ_{n+12}, β_{n+15}, γ_{n+15}, β_{n+2}, β_{n+10}, γ_{n+12}, α_{n+6}

これらは α_{n+8} を中心にした鏡対称をなしているが、その α_{n+8} も α の中央である。

VI. エンゼル数列の規則性

エンゼル素数数列にはさらに隠された仕組みがあるようである。

a. 規則性

分割された偶奇（EO）エンゼル、大小（LS）エンゼル、アップダウン（UD）エンゼルそして前後（FR）エンゼルには驚くほどの周期性が見られる。6 段に積んだとき、それらは縦の列には偶奇性、大小性、アップダウン性が半々に分かれて現れ、交互エンゼルも加わってこの数列の並び方を決めているのである。

j；1 0 1 0 1 0, j*；0 1 0 1 0 1

i_1；1 1 1 0 0 0, i_2；0 1 1 1 0 0, i_3；0 0 1 1 1 0

i_4；0 0 0 1 1 1, i_5；1 0 0 0 1 1, i_6；1 1 0 0 0 1,

i, j を区別して表したが数的には繋がったものである。

例. **p59** 10列

$\{\alpha_n\}$；	0	1	0	1	0	1	1	1	0	1	(6)
	0	0	1	1	0	0	0	1	1	1	(5)
	1	1	1	0	0	0	1	1	0	(1)	(6)
	1	0	1	0	1	0	0	0	1	0	(3)
	1	1	0	0	1	1	1	0	0	0	(5)
	0	0	0	1	1	1	0	0	1	(0)	(4)
	i_3	j	i_2	i_6	i_4	i_5	j	i_1	j*	i_1	

網掛けは仮想

b. エンゼル素数数列 $\{\alpha_n\}$ のマトリックス

こうして6行にすると、これらは p にかかわらず次のような
"行列"で表される。

例. **p61**

$\{\alpha_n\}$；	0	1	0	1	1	1	0	0	0	0	(4)
	0	0	1	1	0	0	1	1	0	1	(5)
	0	1	1	1	1	0	1	1	0	0	(6)
	1	0	1	0	0	0	1	1	1	1	(6)
	1	1	0	0	1	1	0	0	1	0	(5)
	1	0	0	0	0	1	0	0	1	1	(4)
	i_4	j	i_2	i_1	j	i_5	i_2	i_2	i_4	j*	

奇数が列に沿ってかくも規則的に現れているとは奇跡である！　これらは、列の方向に二つのパターン（数的には繋がっているエンゼル単位と、交互数列の順回）の数列から成り立っている。

　エンゼル素数は、その素数に応じた行と列のマトリックスを用いると列の方向に特別な列が現れる。それらの列が数個のパターンの順回する数列からなっていることからエンゼル素数はこのような簡明な表現を得るのである。

　どの α 数列においても6行にするとこのように全て縦方向には二つのパターンの数列の順回した数列からなっているのである。

［エンゼル数マトリックスまとめ］

p7　　$\{i_6\}$,

p17　$\{i_3 \quad i_5 \quad i_2\}$,

p19　$\{j^* \quad i_1 \quad j^* \quad i_2\}$

p23　$\{j^* \quad i_4 \quad i_5 \quad i_3\}$,

p29　$\{i_4 \quad i_6 \quad j^* \quad i_4 \quad i_3\}$

p47　$\{i_2 \quad i_2 \quad i_5 \quad i_4 \quad j \quad i_4 \quad i_5 \quad j\}$

p59　$\{i_3 \quad j \quad i_2 \quad i_6 \quad i_4 \quad i_5 \quad j \quad i_1 \quad j^* \quad i_1\}$

p61　$\{i_4 \quad j \quad i_2 \quad i_1 \quad j \quad i_5 \quad i_2 \quad i_2 \quad i_4 \quad j^*\}$

p97　$\{i_4 \quad i_6 \quad j^* \quad i_6 \quad j^* \quad i_1 \quad i_3 \quad i_1 \quad i_2 \quad i_1 \quad i_6 \quad i_2$
　　　$i_6 \quad i_6 \quad j \quad j^*\}$

VII. レピュニット数と素数

レピュニット数というのは、その名称の意味のまま一般的に

は"1が連続的に並んだ数"である。日にちをそんな数の111
とした場合、それが2進法の一週間とも一年の3分の1ほどと
も読めるが、この数111はどちらでもある、111という数なの
である。そんな並んだ数が、巡回数とも大いにというより本質
的な関わりを持っているのである。

a. レピュニット数　repunit number

　レピュニット数は巡回数にそのまま関わっているのではな
い。そんな関わりも、まずレピュニット数を"単に1の並んだ
数というのでなく、1が偶数ケタ並んだ数列"と定義しなけれ
ばならない。

　そうしてできたケタ数nのレピュニット数は、漸化式で得ら
れる規則に基づいて2進法では次のように表される。

　　R(n) = 2^{n-1}-1 = M_n-1

　このようにケタ数nのレピュニット数をR(n)又はRnと表
すことにする。

　レピュニット数Rにも、2進法で表したものには、とびと
びに、（1を加えると）総乗数にみたような平方数との関係が
見られる。

　　R(2)+1 = 2^2, R(4)+1 = 4^2, R(6)+1 = 8^2, R(8)+1 = 16^2,
　　R(10)+1 = 32^2

　これらを一般的に式で表せば次のようになる。

　　R(2n)+1 = $(2^n)^2$

　因みに、ここではRのケタ数は偶数であるが、数理的には
そのケタ数が奇数のR(3)，R(5)，R(7) などについてもその

ような関係は認められる。

　　R(2)＝4-1，R(4)＝16-1，R(6)＝(8-1)(8+1)，R(8)＝
　(16-1)(16+1)，…

　すると、のこった R(3)，R(5)，R(7) などは相乗平均から
次のようにすることになる。

　　R(5)＝4*8　(6-2)(6+2)，R(7)＝8*16　(12-4)(12+4)，
　　R(9)＝16*32，…

⑴ レピュニット数のケタ数と同じ母数の巡回数Pとの関係。

　　pP ＝ 9R$_{p-1}$　（＝10^s-1）

　例　p7　7*142857 ＝ 999999

　この式は、計算上たまたま現れただけのもの、または単なる
巡回数とレピュニット数の数的関係ではない。この式こそは、
"巡回数 P と同じ母数のレピュニット数 R の対応関係"なので
あるというより巡回数とレピュニット数との本質的な関係なの
である。

　例．p7

　　142857/9 ＝ 1111111/7 ＝ 15873　　　　　　(15+873 ＝ 888)

　すなわちP/9が整数だから、R$_{p-1}$/p も整数であり、"R$_{p-1}$の
因数には必ず p が存在する"のである。

　（参考３）自然数列とレピュニット数との対応関係。

　　R$_9$ ＝ 111111111　（＝3^2*12345679）

　123456790は、81分の１の小数循環節である。

⑵ 加えて、"R$_{p-1}$には、その母数の巡回数の前半Xに１を加え

た（X+1）が含まれていて、その残りの因数（余り）がエンゼル単位になっている"。

さらに"巡回数レピュニット数の素因数の間には、加えると母数の整数倍になるペアが存在する"。

このことを、ひとまず p-p 規則と名づけて公理とした。以下は R の具体的な素因数である。赤字は（X+1）部分を示す。ただし、レピュニット数の母数 p はレピュニット数のケタ数プラス1とする。

　　　［R_{p-1} の素因数と p-p 規則］　　　　　　　　　　（p-p 規則）

　　　$R_6 = 3*7*11*13*37$　　　　　　　　　　　　　　　　（3+11 = 2p）

　　　$R_{12} = 3*7*11*13*37*101*9901$　　　　　　　　　　（3+101 = 8p）

　　　$R_{16} = 11*17*73*101*137*5882353$　　　　　　　　（101+137 = 14p）

　　　$R_{18} = 3^2*7*11*13*19*37*33667*52579$　　　（13+52579 = 2768p）

　　　$R_{22} = 11^2*23*4093*8779*21649*513239$

　　　　　　　　　　　　　　　　　　　　　　（21649+513239 = 23256p）

　　　$R_{28} = 11*29*101*239*281*4049*909091*121499449$

　　　　　　　　　　　　　　　　　　　　　　　　（11+4049 = 140p）

巡回数レピュニット数の素因数間には、こんな驚くべき関係があるのである。

i．"どの巡回数レピュニット数列の素因数にも、和が母数 p の整数倍になるペアが1組存在する"（p-p 規則）

これは恰もレピュニット数の素因数が分割されていて対応する素数同士が相補の関係をもっているようにも思えることである。

（参考４）この関係は、巡回数を素因数分解したときの素因数
間にも見られる。

　　例．p23の $\{b_n\}$

　　　434782608695652173913

　　　$= 3^2*11^2*4093*8779*21649*513239$

　　　　　$21649+513239 = 23256p$

⑶ そしてここにさらに重大な関係、すなわちそのペア間には巡
　　回数の相補の関係にあった準相補のような関係までもがあ
　　るのである。

　　例．R(6) ; 5(3+1) = 2(11−1)

　　　　R(12) ; 10(3+21) = 3(101−21)

　　　　R(16) ; 10(101−3) = 7(137 + 3)

　　　　R(18) ; 18(13+2755) = 52579−2755

　　　　R(22) ; 3(21649+443471) = 20(513239−443471)

　　　　R(28) ; 4049−129 = 28(11+129)

　　こうした関係はこれらの巡回数レピュニット数に限らず、す
　べてのレピュニット数についてもあり、これは素数の本質にお
　おいに関わっていることのように思える。

⑷ レピュニット数の素因数は進法をかえると次のようになっ
　　ている。

　　[レピュニット数とその２進法の素因数]

　　R(2) ; 3,　R(3) ; 7,　R(4) ; 3*5,　R(5) ; 31,

	素因数	２進法	素因数
R(6)；	3*7*11*13*37,	63；	3^2*7
R(7)；	239*4649,	127；	prime
R(8)；	11*73*101*137,	255；	3*5*17
R(9)；	3^2*37*333667,	511；	7*73
R(10)；	11*41*271*9091,	1023；	3*11*31
R(11)；	21649*513239,	2047；	23*89
R(12)；	3*7*11*13*37*101*9901,		
		4095；	3*5*7*13
R(13)；	53*79*265371653,	8191；	prime
R(14)；	11*239*4649*909091,	16383；	3*43*127
R(15)；	3*31*37*41*271*2906161,		
		32767；	7*31*151
R(16)；	11*17*73*101*137*5882353		
		65535；	3*5*17*257
R(17)；	2071723*5363222357,	131071；	prime
R(18)；	3^2*7*11*13*19*37*52579*333667,		
		262143；	3^3*7*19*73
R(19)；	prime,	524287；	3^2*13*4481
R(20)；	11*41*101*271*3541*9091*27961,		
		1048575；	3*5^2*11*31*41
R(21)；	3*37*43*239*1933*4649*10838689,		
		2097151；	7^2*127*337
R(22)；	11^2*23*4093*8779*21649*513239,		
		4194303；	3*23*89*683

R(23)； prime,   8388607；   47*178481

R 太字は素数レピュニット、赤文字は母数。

（注５）R(11) の素因数は p23（ζ＝11）のエンゼル素数のものと同じである。

　この表を見て驚かされるのは、巡回数レピュニット数の素因数（primefactor）の値の一つ一つは偶然の値ではなく、その**"素因数から１を減じたり加えたりして補正した値の多くはp−1の整数倍になっている"**（p−m 関係）ということである。この関係の表れているところが、上の表の赤字で示されている。

　例．R(11)
　　　21649−1 ＝ 1968*11
　　　513239−1 ＝ 46658*11
　　　23(21649+696) ＝ 513239+696

　R(17) の二つの素因数のように同じルールでできた二つの素因数が偶然揃うというようなことが"偶然"起こるようなことがあるだろうか。あり得ない！

　その"レピュニット数 R(n−1) の素因数の多くは、その素因数マイナス（またはプラス）１が（p−1）または（p−1)/2（＝ζ）の整数倍になる"という関係（p−m 関係）も公理とした。すなわち、レピュニット数の素因数は、そもそもその母数によって選ばれているといえるのである。例外としてこの関係は p でなくそれに関係した数で代用される場合がある。このことをレピュニット数の素因数の p−m 関係と名づけてこれも公理としたのである。

⑸そしてさらに凄い規則がある。巡回数母数レピュニット
の二つの素因数R(7)の因数（239*4649）、R(17)の因数
（2071723*5363222357）を例にすれば、それぞれの差が次の
ようにいずれも母数の整数倍になっているのである。

　　R(7)；4649−239 = 630p,

　　R(17)；5363222357−2071723 = 315361802p

　だが、その関係はこれらの母数の因数の関係に止まらず、赤
字で示した全ての素因数の関係にひろまっているのである！

　この関係をひとまず**"レピュニット数の素因数間の差は、そ
の母数の整数倍である"**とする。

　上の結論づけは、このことから p とレピュニット数のケタ数
q の主従を次のように考えなおさなければいけないということ
でもあった。

　　ⅰ．R(q)+1 は、さまざまな（mq+1）という素数の積でで
　　　きている。

　　ⅱ．その素数（mq+1）の一つに m = 1 の素数 **p** がある。

　例．R(22)，p = 1*22+1 = 23

　こうして R(22)+1 の素因数に23があることを説明できるの
である。

⑹ レピュニット数の素因数のもう一つの意味

　レピュニット数の素因数にはさらに深い意味がある。それは
総乗数にもみられたように、それらの素因数がさらにそれらの
母数によって深く繋げられているということである。

例．R(7) = 239*4649

239-1 = 34(p-1)，34+1 = 5(p-1)

4649-1 = 664(p-1)，664+1 = 95(p-1)，95+1 = 12p

b．レピュニット数列による素数の判定

(1) レピュニット数 R_{p-1} の因数には、巡回数素数すなわちその巡回数の母数 p があるということを発見すると、次に湧き出てきた考えは、レピュニット数に関わっているのは巡回数素数のみでなく全ての素数なのではないかということだった。そして計算を続けると、"素数列"が順にレピュニット数 R_{n-1} の因数に現れていたのである。

例．巡回数素数でない素数（13）

R_{12} = 3*7*11*13*37*101*9901（= 13*8587E）

（注6）2,5を除いた任意の素数を母数としたレピュニット数 R(n-1) だけが因数にその母数をもつ。

そこで、その"全て素数 n は、2進法で表したケタ数 n-1 のレピュニット数 R(n-1) の素因数の一つにある"と結論付け、それを公理とした。

ウィルソンの定理を使うと、10001の素数判別には1万回の計算を行わなければならない。だが、この"レピュニット数と素数の公理"によれば、それより容易に素数を判定することが可能になる。こうして"レピュニット数を用いた素数判定方法"を次のように定式化したのである。

すなわち"まず判定する整数を n として、そのレピュニット数 R(n-1) をつくり、それを2進法で読む。その数が n の

整数倍ならば、n は素数である” と。言い方を変えれば、こうして２進法で計算した数を n で除して余りがなければ n は素数であると。

When n＜R(n−1), as R(n−1)＝nY

　　if $Y((2^{n-1}-1)/n)$ is integer, then n is prime.

例．11 は素数か

n＝11 として、R(11−1)＝1023⇒93*11　ゆえに 11 は素数である。

n で割った値、この Y_n を、とりあえずメルセンヌ比と呼ぶことにする、この数は素数の順序を決めているのだろう。

［素数 n とレピュニット数 R(n−1) とメルセンヌ比 Y_n］

n	2	3	4	5	6	7	8
R(n−1)		3	7	15	31	63	127
素因数	2	3,		3*5,		7*9,	
Y_n		1		3		9	

	9	10	11	12	13
	255	511	1023	2047	4095
	3*5*17,	7*73,	3*11*31,		3^2*5*7*13
	□		93		315

n	14	15	16	17	18	19
R(n−1)		16383		65535		262143
素因数				3*5*17*257,		3^3*7*19*23
$Y;(2^{n-1}-1)/n$			□	3855		13797

20	21	22	**23**	⋯	n
	1048575		4194303	⋯	$2^{n-1}-1$
			3***23***89*683	⋯	
		□	182361	⋯	

　表の網掛けのところは、奇数であっても素数でない数の場所。

　奇数 n の 2 進法での R(n-1) の値に 1 を加えた値がすべて平方になるのは、(n-1)/2 ＝ m とすれば当然である。

$$R(2m) = (2^m)^2 - 1$$
$$= (2^m - 1)(2^m + 1) = MF$$

(2) Y_0 について

ⅰ．まず注目すべきは、Y_n は 3 の整数倍であることである（Y_n の 3 分の 1 のレピュニット数は交互エンゼルに相当する。すなわちそのことは、素数が因数としてあるのはレピュニット数の中というより 3 で割ったその交互エンゼル数の中ということである）。

　［素数 n（2 進法）とメルセンヌ比（2 進法）］

n ;	3	5	7	11	13
2 進法	11	101	**111**	1011	1101
Y ;	1,	3,	9,	93,	315,
2 進法	1	11	**1001**	1011101	100**1**11011

	17	19
	10001	10011

　　　　3855　　　　　　　13797
　　111100001111　　11010111100101

　このように素数は、偶数が２だけなので奇数部分を、奇素数
ともいうが、部分数列と考えることもできる。また、前述のよ
うにY_nは10進法ではとても単純な数であるが、連続するそれ
らの関係は単純ではなく、例えば奇数番で１違いのそれらの比
は次のようになっている。

　　　$k(= Y_{n+2}/Y_n) = 4n/(n+2) + 3n/(n+2)(2^{n-1}-1)$

　これは既述の総乗比に見た関係の式と驚くほど類似してい
る。

　何より、それらの1001, 100111011(＝100011*1001), 1110000111
(＝111*10000001) という数値は、このY_nが特別な数であるこ
とを物語っている。

ⅱ．素数を次のようにして最初から偶数を切り落として上と同
じ方法で判定することもできる。

⑶前述したことに重なるが、ここで、レピュニット数1111とか
　111111を11で除して101とか10101といった交互エンゼルＡ
　(n−1) にする。

　　　R(n−1)＝11A(n−1)

　すると、そのA(n−1) から上の方法と同様の方法でnを判
定することができるのである。

　例１．　9は素数か？

　R_8よりA_8をつくる。

$R_8 = 11*1010101 (A_8 = 1010101)$

$A_8 = 1010101 (= 85) \Rightarrow 5*17$ A_8 は因数に 9 を含まない、ゆえに 9 は素数でない。

例2．13は素数か

$A_{12} = 10101010101 (= 1365) \Rightarrow 105*13$ A_{12} は因数に13を含む、ゆえに13は素数である。

このように"判定する数の乗数を乗数とする交互エンゼル数 A を 2 進法でよみ、（こうして最初から偶数を除外して）レピュニット数で用いたのと同じ方法で素数の判定をすることができる"のである。

If n is prime, $A_{n-1} = nY$

$A_{n-1} > n$, when Y is integer, then n is prime.

ただし、3を除く。

[素数 n と交互エンゼル A(n−1) そしてメルセンヌ比 Y_n]

n	3	5	7	9	11
A(n−1)	1	5	21	85	341
Y_n		1	3		31

13	15	17	19	21
1365	5461	21845	87381	349525
105		1285	4599	

n	23	25	27	29	31
A(n−1)	1398101	5592405	22369621	89478485	…
Y_n	60787			3085465	…

　こうして、素数の判定には総乗による方法よりレピュニット数列による方法、さらには交互エンゼルによる方法の方がはるかに計算は容易になる。因みに、29の判定に $\Pi(28)$ の計算なら29ケタである。

⑷ レピュニット数の分割

　レピュニット数列は 2 通りに分割が可能である。

ⅰ．和の分割

　レピュニット数を数列とみれば、前半を X、後半を Y に分割可能である。

　例．111111（R(6)）は、前後分割できる。

　　　$X = 111$,　$Y = 10^3 X$　であるから

　　　$R(6) = 111 + 111000$

　また、二つの交互エンゼル A，A* の和としても分割可能である。

ⅱ．積の分割

　前後分割が可能な巡回数 P の前半を X とすると R は次のように表される。

　　　$R = p(X+1)E$ より、

　　$R = FE$,　$F = p(X+1)$

　すなわち F と E に分割できる。

　例．母数 7 の R(6) は、次のように分割される。

　　　$R(6) = 1001*111$

⑸ レピュニット数の数的表現

　レピュニット数は、数値からは、メルセンヌ数の2進法表現である。

　　　$M_n = 2^n - 1$

　メルセンヌは、この式で表される数に素数が多く集まっていると考えていくつかの素数を予測した。その中に $n = 67$ があったが、それは合成数であることがわかり、その後その数はコーンによって因数分解された（1902年）。また、彼は "$n = 257$ も素数である" と予言した。勿論この257という数は $2^8 + 1$ である。しかし、その後この数も合成数であることが判明したのである（1922年）。

c. フェルマー数　Fermat number

⑴ メルセンヌとも親しかったフェルマーにも、彼の提唱した素数に関するフェルマー数の式がある。

　　　$F(n) = 2^{2 \wedge n} + 1$

　この式で表される数に素数が多く含まれるということである。

　この式からはよい結果は得られなかったが、ここに論ずる素数の判定は奇しくも彼の名をつけたその数列をもってすることになる。

　まず、問題の**核心**が那辺にあるかを示すため、上のフェルマーの式に具体的な値を与えたときのFの値の数例を示すと次のようになる。太字は素数。

　　　$n = 0 \rightarrow 2^1 + 1 = $ **3**, $n = 1 \rightarrow 2^2 + 1 = $ **5**, $n = 2 \rightarrow 2^4 + 1 = $ **17**, …
　この中には7, 11, 13…がない。

⑵ 要点をレピュニット数列に戻すと、レピュニット数列はFと
　Eの積からできている。偶数ケタでできているレピュニット
　数列Rを積のかたちに２分割する。例えば111111を２分割
　し、111をρ（ζ）（＝E）とすると、Rは必ずそのρ（ζ）とそ
　の整数倍（ここでは1001倍）との積になる。すなわち、その
　整数倍をF（ζ）とすると次のように表される。ただし、ζ＝
　(n–1)/2

　　R(n–1)＝ρ（ζ）F（ζ），　ρ（ζ）+2＝F（ζ）

⑶ そうであれば、レピュニット数の素因数は、分割されたそれ
　らFとEのどちらかに分配されている。そうなら、素数の判
　定は前述のような直接レピュニット数からしなくとも、その
　二つの数列を別々に計算し、それらの"何れか"から判定す
　ればいいということになる。このFこそが上に示した式で表
　したフェルマー数に相当するのである。

　　［フェルマー・メルセンヌ法による素数判定］

　　ζは素数、ρ（ζ）はメルセンヌ数、F（ζ）はフェルマー
　数。

　　［F-M法による素数判定一覧表］太字は素数。

(n)	2	3	5	7	9	11
ρ（ζ）	0	1	11	111		1111
（２進法）	□	□	□	7		□
F（ζ）	10^0+1	10^1+1	10^2+1	10^3+1		10^5+1
（２進法）	**2**	**3**	**5**	□		**11***3

13	15	17	19	21	23
13	15	**17**	**19**	21	**23**
111111		11111111	111111111		11111111111
□		**17***15	□		**23***89
10^6+1		10^8+1	10^9+1		$10^{11}+1$
13*5		□	**19***27		□

25	27	29	31	
25	27	**29**	**31**	…
		11111111111111	E_{15}	…
		□	**31***1057	…
		$10^{14}+1$	$10^{15}+1$	…
		29*565	□	

　この表のように、素数の判定は“フェルマー数F(ζ)とレピュニット数の後半ρ(ζ)をそれぞれ2進法で読み、そのいずれかがζの整数倍ならζは素数である”としてなされるのである。

　例．F-M法を用いた素数の判定　103（$\zeta=51$）　ρによる

　　ρ（51）= **103***4207093393586087

　ρ（51）はこのように判定する数（103）で割り切れる、ゆえに103は素数である。

　こうして素数を求めるためにメルセンヌが考えたメルセンヌ数を用いた方法とフェルマーの考えたフェルマー数を用いた方法を統一的に発展的につくりかえた式を完成させることができた。しかも、その方法は素数を連続的に順に求めることをも可能にしていたのである。

　このF-M方法（フェルマー・メルセンヌ法）は、レピュ

ニット数からの計算と比べてもケタ数が半分になることからその労力は比較にならないほど小さい。

　現在、競うように求められている素数の最高値は、小さいものから順に得られているものでなく、メルセンヌ数の中から（いくつもの素数をとばして）素数らしき数に的を絞って判定して得られているものである。

　大病院の会計で順番を待つとき、"○○番まで受け付け準備ができました。その他にも……XX 番もできています。"という案内の XX のように。

⑷ 総乗数とレピュニット数とには類似点があり、素数列（または素数番号）を仮定すれば、それらの本質的な繋がりを示すような次の式も成り立っているのである。

　　$\Pi(n-1)+R(n-1)+1 = nZ$

　例．偶数項の総乗について Z が整数なら n は素数という関係。

　　$\Pi(2)+2^2 = 3Z$,　$\Pi(4)+2^4 = 5Z$,　$\Pi(6)+2^6 = 7Z$

　　$\Pi(8)+2^8 = 9Z$,　$\Pi(10)+2^{10} = 11Z(329984)$,

　　$\Pi(12)+2^{12} = 13Z$, …

太字は素数。これらの式は素数の順になっている。

　総乗数とレピュニット数のあいだにはその他にも次の関係式も成立する。

　　$\Pi(2n) = \Pi(n)(R(n)-1)$

あとがき

　巡回数の仕組みの"不思議さ"は、いや、それは"魅力"はと言った方が正しいかもしれないが言語に尽くせない。

　それでも、そんな中にわたしの最初の"不思議さ"だった補正数、といってもいろいろな補正数の一つだったのだが、の根源が準相補の関係にあったことを見つけてその一つでも解消したことは望外な結果であった。だが、この巡回数の"不思議さ"はそれでおわるようなものではなかった。さらに追究の過程で生み出した"エンゼル素数α"は、単に奇数の並んだ場所としての"おぼえ"というようなものではなく、"そこに奇数が並ばせられるところ"のようなものとして"不思議さ"に輪をかけたようなものとなっていた。

　それを確かめるため、次のようにαの1の箇所の余り（余りの奇数の項）の総和と0の箇所の余り（余りの偶数の項）の総和をそれぞれ計算してみた。

　例．17　奇数・偶数番箇所の和

$\{a_n\}$；10 **15** 14 4 6 **9** **5** 16 **7** 2 **3** **13** **11** 8 12 **1**

$\{\alpha_n\}$；0 1 0 0 0 1 1 0 1 0 1 1 1 0 0 1

　その余りの奇数の項の総和は、式で表すと以下のように表すことができる。

　　　$\Sigma \{a_n\} \ulcorner \alpha_n \lrcorner = \Sigma \{(a\alpha)_n\}$

　　　$15+9+5+7+3+13+11+1 = 64$

　すると、余りの全項の和はΣa_nであるから、偶数項の総和

も $\Sigma a_n - \Sigma (a\alpha)_n$ と表すことができる。

　するとどうだろう！　それらの比は8：9を形成していたのである。そのときはそれを見ても、"単なる比"と、ついそのままやり過ごそうとした。だが次の瞬間、それらがp相補になっていることに気付き、その結果こそ"それらの位置が、ただ偶数と奇数の関係としてのみ割り与えられていたものではない"ということだと確信した。そこでそれに、次のような操作を加えてみた。

$\{a_n\}\ulcorner \alpha_{n+m}\rfloor = \{a\alpha_n\}$ より、

　mを1ずつ大きくしながら（すなわち余りが座る席を移動させながら）、すなわち移動させた場所でのαが1の項と0の項の余りの和を計算し、それらの比をmにあわせて整理していった。ようするに、集団見合いのとき相手を変えるため一人一人が席を一つずつずらしてゆくように、αをそんな椅子のように見たてて椅子全体を一つずつ移動させそのときどきのそれらの椅子にのっている数とのっていない数を比較したのである。

　　1．8：9，

　　2．7(79+1)＝10(57-1)，

　　3．8(76-4)＝9(60+4)，

　　4．9(63+1)＝8(73-1)，

　　5．10(52+4)＝7(84-4)，

　　6．10(61-5)＝7(75+5)，

　　7．4(100+4)＝13(36-4)，

　　8．9(65-1)＝8(71+1)，

9．9：8，

　　10．10(57−1)＝7(79+1)，…

するとなんと、それらの関係もすべて、他でもない**"準相
補"**だった。すなわち、もとに戻って考えれば、それらの巡回
数の中のα席は、偶数奇数用に特別に誂えられていた席ではな
く、巡回数に秘められたもっと本質的なものだった。巡回数の
数は、音楽のリズムのように、自分の数の役目をもちながら収
まる場所に収まっていたのである。

　そしてなお驚かされたのは、p17のαのように見方を変える
とそのαがとても単純な**"配列の秘密"**の並び方をしていたこ
とだった。

　αエンゼル数に見られるように0と1が並んだ数が10進法
の数であったり2進法の数であったり、また順番であったりと
"なんでもあり"のこの"数"は、それらのどれでもないもっ
と大きな……"数列数"というようなものに思われる。わたし
自身、この論考でも同じことを数と言ったり数列と言ったりし
てきた。それも数とは何かという大きな問題の一つだったので
ある。

　巡回数の探求からはじめ、こうしてエンゼル数にゆきつい
て、自分としてはその探求も結論に近づいたと思いつつ、最後
に余りの総乗数にも補正の関係があることを付け加えようとし
ていたとき、はからずも素数の大問題につきあたっていた。

　そこでゆきついたのが素数判定法で、それは巡回数の解析に
用いた数列の分割を応用したものだった。そして総乗数がレ
ピュニット数に似たところがあると思いつきレピュニット数に

よる素数判定法に辿りついたのである。そんな追究の中で"さらに大きな問題"が浮かび上がった。それは、まず巡回数レピュニット数の素因数一つ一つが簡単な規則でできているというだけでなく、それらの素因数同士には連携のようなものまであるという、すなわち、「巡回数レピュニット数の素因数」にある二つの規則**"素因数同士の繋がり規則（p–p 規則）と素因数の構成（p–m 構成）"**としてまとめたことだった。

　いやそれ以上に興味を魅かれるのは、もう一つの関係**"レピュニット数の素因数間の差は、その母数の整数倍"**だったということである。これまでも数学者によって素数をつくる式がいろいろ工夫されてきているが、この素数の差が素数の整数倍でできているということは素数も素数からできているということではないだろうか？　いやもっと奥の量子力学におけるクォークのようなものを考えなければならないのだろうか？

　丁度過去の原子論において素粒子を最後の粒子としたように**"自然数は素数とその合成数からなる"**として、素数の本質はそれ以上追究できないものと思われてきたのではないだろうか？

　ゲルマン M. Gell-Mann が、"ストレンジネス"のことを言い出したとき、原子論の学者たちはそれをどう感じたのだろうか？　と心にうかんだ。

参考文献

『素数はめぐる』ブルーバックス（講談社）
西来路文朗、清水健一共著
月刊科学雑誌『Newton 2023 年 4 月号』（ニュートンプレス）
『ヴァンケル型ロータリ機構と三次元的ロータリ機構』自著

岡部　邦夫 (おかべ　くにお)

1940年6月生まれ
1962年3月　名古屋大学理学部物理科卒業

円環数と素数

2024年2月9日　初版第1刷発行

著　　者　岡部邦夫
発行者　中田典昭
発行所　東京図書出版
発行発売　株式会社 リフレ出版
　　　　　〒112-0001　東京都文京区白山 5-4-1-2F
　　　　　電話 (03)6772-7906　FAX 0120-41-8080
印　　刷　株式会社 ブレイン

© Kunio Okabe
ISBN978-4-86641-691-5 C0041
Printed in Japan 2024

落丁・乱丁はお取替えいたします。
ご意見、ご感想をお寄せ下さい。